X 0,1 MULTIPLYING X 0,1

SCORE: ____/50

3 Minute Drill (50 Questions) - SHEET 1

Name: _____
Date: _____

1) 7 × 0	2) 8 × 1	3) 7 × 1	4) 9 × 0	5) 2 × 1
6) 2 × 0	7) 3 × 1	8) 4 × 0	9) 1 × 1	10) 8 × 0
11) 6 × 0	12) 7 × 0	13) 1 × 0	14) 5 × 1	15) 1 × 1
16) 2 × 1	17) 5 × 1	18) 3 × 0	19) 8 × 0	20) 3 × 1
21) 9 × 0	22) 4 × 0	23) 1 × 0	24) 3 × 0	25) 8 × 0
26) 6 × 0	27) 7 × 1	28) 8 × 1	29) 5 × 1	30) 8 × 0
31) 8 × 0	32) 6 × 1	33) 1 × 0	34) 7 × 1	35) 4 × 0
36) 3 × 1	37) 6 × 1	38) 1 × 0	39) 5 × 0	40) 6 × 1
41) 6 × 0	42) 4 × 0	43) 6 × 1	44) 1 × 1	45) 1 × 0
46) 5 × 1	47) 6 × 1	48) 8 × 1	49) 8 × 0	50) 9 × 1

www.kidsmathzone.com

X 0,1

MULTIPLYING X 0,1

SCORE: _____/50

3 Minute Drill (50 Questions) - SHEET 2

Name: _____

Date: _____

1) 6 x 0	2) 6 x 1	31) 9 x 1	4) 7 x 1	5) 1 x 0
6) 3 x 1	7) 9 x 0	8) 8 x 1	9) 2 x 1	10) 3 x 1
11) 8 x 1	12) 3 x 1	13) 6 x 0	14) 5 x 0	15) 5 x 0
16) 2 x 1	17) 1 x 1	18) 9 x 1	19) 3 x 1	20) 2 x 1
21) 2 x 0	22) 5 x 1	23) 8 x 0	24) 7 x 1	25) 2 x 1
26) 6 x 1	27) 7 x 1	28) 3 x 0	29) 1 x 0	30) 4 x 0
31) 3 x 0	32) 7 x 0	33) 8 x 0	34) 9 x 1	35) 8 x 0
36) 2 x 1	37) 8 x 0	38) 5 x 0	39) 1 x 0	40) 6 x 1
41) 9 x 0	42) 3 x 0	43) 8 x 0	44) 4 x 0	45) 5 x 1
46) 8 x 1	47) 6 x 0	48) 9 x 0	49) 7 x 1	50) 7 x 0

www.kidsmathzone.com

X 0,1  MULTIPLYING X 0,1   SCORE: ____/50

3 Minute Drill (50 Questions) - SHEET 3

Name: _____

Date: _____

1) 7 × 0	2) 9 × 0	31) 3 × 0	4) 2 × 0	5) 2 × 1
6) 1 × 1	7) 4 × 0	8) 5 × 1	9) 8 × 0	10) 7 × 1
11) 9 × 0	12) 1 × 1	13) 4 × 1	14) 8 × 1	15) 6 × 1
16) 8 × 0	17) 6 × 1	18) 1 × 1	19) 9 × 1	20) 4 × 0
21) 6 × 0	22) 4 × 0	23) 9 × 0	24) 9 × 1	25) 4 × 0
26) 9 × 1	27) 5 × 0	28) 4 × 1	29) 5 × 1	30) 2 × 0
31) 3 × 0	32) 4 × 0	33) 7 × 1	34) 3 × 1	35) 8 × 0
36) 7 × 0	37) 5 × 1	38) 5 × 1	39) 8 × 1	40) 3 × 0
41) 7 × 0	42) 1 × 0	43) 1 × 1	44) 2 × 0	45) 2 × 1
46) 5 × 0	47) 1 × 1	48) 7 × 1	49) 7 × 0	50) 2 × 0

www.kidsmathzone.com

X 0,1

MULTIPLYING X 0,1
3 Minute Drill (50 Questions) - SHEET 4

SCORE: _____/50

Name: _____
Date: _____

1) 6 x 0	2) 9 x 1	31) 4 x 1	4) 4 x 1	5) 6 x 0
6) 1 x 0	7) 1 x 0	8) 9 x 1	9) 2 x 0	10) 9 x 0
11) 6 x 1	12) 2 x 0	13) 8 x 0	14) 9 x 1	15) 1 x 0
16) 6 x 1	17) 6 x 0	18) 1 x 1	19) 3 x 1	20) 7 x 0
21) 2 x 1	22) 5 x 0	23) 9 x 0	24) 7 x 0	25) 9 x 1
26) 7 x 1	27) 6 x 1	28) 6 x 0	29) 6 x 1	30) 8 x 1
31) 6 x 0	32) 1 x 1	33) 8 x 0	34) 5 x 1	35) 6 x 1
36) 9 x 1	37) 2 x 1	38) 2 x 0	39) 2 x 0	40) 6 x 1
41) 1 x 0	42) 4 x 1	43) 1 x 0	44) 8 x 1	45) 3 x 0
46) 2 x 1	47) 6 x 0	48) 8 x 1	49) 8 x 1	50) 1 x 1

www.kidsmathzone.com

X 0,1  MULTIPLYING X 0,1

SCORE: _____/50

3 Minute Drill (50 Questions) - SHEET 5

Name: _____

Date: _____

1) 2 × 1

2) 7 × 0

31) 7 × 0

4) 2 × 1

5) 5 × 1

6) 3 × 0

7) 4 × 0

8) 1 × 1

9) 7 × 0

10) 5 × 0

11) 6 × 1

12) 3 × 1

13) 3 × 0

14) 5 × 0

15) 1 × 1

16) 9 × 1

17) 1 × 1

18) 9 × 0

19) 1 × 0

20) 7 × 1

21) 4 × 0

22) 4 × 0

23) 6 × 1

24) 2 × 0

25) 3 × 1

26) 4 × 0

27) 8 × 0

28) 9 × 1

29) 1 × 1

30) 4 × 0

31) 9 × 0

32) 6 × 0

33) 9 × 0

34) 1 × 1

35) 9 × 0

36) 8 × 1

37) 2 × 0

38) 7 × 1

39) 6 × 0

40) 2 × 1

41) 1 × 1

42) 5 × 1

43) 9 × 0

44) 2 × 0

45) 7 × 0

46) 3 × 0

47) 5 × 1

48) 2 × 0

49) 2 × 0

50) 6 × 0

www.kidsmathzone.com

X 2  MULTIPLYING X 2   SCORE: ____/50

3 Minute Drill (50 Questions) - SHEET 1

Name: _____

Date: _____

1) 9 × 2	2) 5 × 2	3) 1 × 2	4) 5 × 2	5) 4 × 2
6) 2 × 2	7) 1 × 2	8) 1 × 2	9) 2 × 2	10) 6 × 2
11) 4 × 2	12) 8 × 2	13) 6 × 2	14) 8 × 2	15) 4 × 2
16) 9 × 2	17) 8 × 2	18) 5 × 2	19) 3 × 2	20) 2 × 2
21) 6 × 2	22) 4 × 2	23) 1 × 2	24) 3 × 2	25) 5 × 2
26) 9 × 2	27) 1 × 2	28) 1 × 2	29) 5 × 2	30) 7 × 2
31) 6 × 2	32) 1 × 2	33) 3 × 2	34) 4 × 2	35) 2 × 2
36) 6 × 2	37) 7 × 2	38) 1 × 2	39) 7 × 2	40) 8 × 2
41) 3 × 2	42) 4 × 2	43) 6 × 2	44) 2 × 2	45) 3 × 2
46) 5 × 2	47) 1 × 2	48) 8 × 2	49) 7 × 2	50) 4 × 2

www.kidsmathzone.com

MULTIPLYING X 2

SCORE: ____/50

3 Minute Drill (50 Questions) - SHEET 2

Name: _____

Date: _____

1) 9 × 2	2) 3 × 2	3) 7 × 2	4) 6 × 2	5) 6 × 2
6) 8 × 2	7) 2 × 2	8) 7 × 2	9) 7 × 2	10) 1 × 2
11) 5 × 2	12) 3 × 2	13) 6 × 2	14) 1 × 2	15) 9 × 2
16) 3 × 2	17) 6 × 2	18) 8 × 2	19) 2 × 2	20) 2 × 2
21) 8 × 2	22) 4 × 2	23) 2 × 2	24) 8 × 2	25) 8 × 2
26) 9 × 2	27) 8 × 2	28) 3 × 2	29) 1 × 2	30) 9 × 2
31) 2 × 2	32) 9 × 2	33) 2 × 2	34) 6 × 2	35) 8 × 2
36) 7 × 2	37) 8 × 2	38) 6 × 2	39) 9 × 2	40) 2 × 2
41) 3 × 2	42) 7 × 2	43) 6 × 2	44) 6 × 2	45) 8 × 2
46) 5 × 2	47) 6 × 2	48) 9 × 2	49) 2 × 2	50) 7 × 2

www.kidsmathzone.com

X 2  MULTIPLYING X 2 SCORE: ____/50

3 Minute Drill (50 Questions) - SHEET 3

Name: _____

Date: _____

1) 7 x 2	2) 3 x 2	3) 8 x 2	4) 5 x 2	5) 8 x 2
6) 8 x 2	7) 1 x 2	8) 7 x 2	9) 9 x 2	10) 3 x 2
11) 4 x 2	12) 2 x 2	13) 2 x 2	14) 7 x 2	15) 4 x 2
16) 3 x 2	17) 7 x 2	18) 2 x 2	19) 4 x 2	20) 6 x 2
21) 3 x 2	22) 1 x 2	23) 5 x 2	24) 1 x 2	25) 4 x 2
26) 8 x 2	27) 8 x 2	28) 5 x 2	29) 7 x 2	30) 4 x 2
31) 5 x 2	32) 3 x 2	33) 3 x 2	34) 8 x 2	35) 4 x 2
36) 9 x 2	37) 4 x 2	38) 1 x 2	39) 7 x 2	40) 9 x 2
41) 9 x 2	42) 3 x 2	43) 7 x 2	44) 3 x 2	45) 5 x 2
46) 1 x 2	47) 9 x 2	48) 6 x 2	49) 1 x 2	50) 7 x 2

www.kidsmathzone.com

X 2  MULTIPLYING X 2   SCORE: ____/50

3 Minute Drill (50 Questions) - SHEET 4

Name: _____

Date: _____

1) 4 × 2	2) 9 × 2	3) 3 × 2	4) 6 × 2	5) 4 × 2
6) 9 × 2	7) 8 × 2	8) 8 × 2	9) 7 × 2	10) 5 × 2
11) 3 × 2	12) 2 × 2	13) 8 × 2	14) 9 × 2	15) 9 × 2
16) 1 × 2	17) 1 × 2	18) 7 × 2	19) 9 × 2	20) 4 × 2
21) 5 × 2	22) 9 × 2	23) 9 × 2	24) 1 × 2	25) 9 × 2
26) 6 × 2	27) 5 × 2	28) 4 × 2	29) 1 × 2	30) 5 × 2
31) 1 × 2	32) 6 × 2	33) 6 × 2	34) 2 × 2	35) 9 × 2
36) 1 × 2	37) 2 × 2	38) 3 × 2	39) 6 × 2	40) 7 × 2
41) 9 × 2	42) 1 × 2	43) 1 × 2	44) 1 × 2	45) 7 × 2
46) 5 × 2	47) 3 × 2	48) 4 × 2	49) 7 × 2	50) 3 × 2

www.kidsmathzone.com

X 2

MULTIPLYING X 2

SCORE: _____/50

3 Minute Drill (50 Questions) - SHEET 5

Name: _____

Date: _____

1) 7 x 2	2) 2 x 2	3) 1 x 2	4) 4 x 2	5) 5 x 2
6) 6 x 2	7) 9 x 2	8) 1 x 2	9) 5 x 2	10) 7 x 2
11) 9 x 2	12) 2 x 2	13) 9 x 2	14) 4 x 2	15) 2 x 2
16) 5 x 2	17) 4 x 2	18) 5 x 2	19) 5 x 2	20) 6 x 2
21) 9 x 2	22) 3 x 2	23) 3 x 2	24) 7 x 2	25) 8 x 2
26) 6 x 2	27) 3 x 2	28) 8 x 2	29) 1 x 2	30) 8 x 2
31) 3 x 2	32) 7 x 2	33) 8 x 2	34) 1 x 2	35) 7 x 2
36) 5 x 2	37) 2 x 2	38) 9 x 2	39) 2 x 2	40) 9 x 2
41) 2 x 2	42) 2 x 2	43) 1 x 2	44) 9 x 2	45) 5 x 2
46) 3 x 2	47) 9 x 2	48) 4 x 2	49) 8 x 2	50) 9 x 2

www.kidsmathzone.com

X 3  MULTIPLYING X 3 SCORE: ____/50

3 Minute Drill (50 Questions) - SHEET 1

Name: _____

Date: _____

1) 9 × 3	2) 8 × 3	3) 4 × 3	4) 6 × 3	5) 7 × 3
6) 6 × 3	7) 6 × 3	8) 7 × 3	9) 3 × 3	10) 1 × 3
11) 3 × 3	12) 6 × 3	13) 8 × 3	14) 4 × 3	15) 3 × 3
16) 3 × 3	17) 4 × 3	18) 2 × 3	19) 6 × 3	20) 6 × 3
21) 9 × 3	22) 2 × 3	23) 2 × 3	24) 5 × 3	25) 4 × 3
26) 7 × 3	27) 2 × 3	28) 5 × 3	29) 4 × 3	30) 5 × 3
31) 5 × 3	32) 3 × 3	33) 4 × 3	34) 2 × 3	35) 9 × 3
36) 7 × 3	37) 8 × 3	38) 5 × 3	39) 7 × 3	40) 1 × 3
41) 3 × 3	42) 2 × 3	43) 2 × 3	44) 6 × 3	45) 9 × 3
46) 7 × 3	47) 5 × 3	48) 5 × 3	49) 9 × 3	50) 6 × 3

www.kidsmathzone.com

X 3 MULTIPLYING X 3   SCORE: _____/50

3 Minute Drill (50 Questions) - SHEET 2

Name: _____

Date: _____

1) 1
   x 3

2) 1
   x 3

3) 8
   x 3

4) 9
   x 3

5) 7
   x 3

6) 3
   x 3

7) 9
   x 3

8) 7
   x 3

9) 7
   x 3

10) 7
   x 3

11) 3
   x 3

12) 6
   x 3

13) 3
   x 3

14) 6
   x 3

15) 7
   x 3

16) 5
   x 3

17) 9
   x 3

18) 3
   x 3

19) 9
   x 3

20) 3
   x 3

21) 3
   x 3

22) 9
   x 3

23) 4
   x 3

24) 7
   x 3

25) 3
   x 3

26) 3
   x 3

27) 9
   x 3

28) 6
   x 3

29) 6
   x 3

30) 4
   x 3

31) 4
   x 3

32) 2
   x 3

33) 7
   x 3

34) 8
   x 3

35) 7
   x 3

36) 8
   x 3

37) 4
   x 3

38) 8
   x 3

39) 8
   x 3

40) 3
   x 3

41) 2
   x 3

42) 3
   x 3

43) 3
   x 3

44) 7
   x 3

45) 4
   x 3

46) 7
   x 3

47) 5
   x 3

48) 1
   x 3

49) 3
   x 3

50) 7
   x 3

www.kidsmathzone.com

X 3  MULTIPLYING X 3   SCORE: ____/50

3 Minute Drill (50 Questions) - SHEET 3

Name: _____

Date: _____

1) 9 × 3   2) 8 × 3   3) 3 × 3   4) 7 × 3   5) 6 × 3

6) 7 × 3   7) 3 × 3   8) 3 × 3   9) 4 × 3   10) 4 × 3

11) 9 × 3   12) 8 × 3   13) 4 × 3   14) 2 × 3   15) 3 × 3

16) 4 × 3   17) 5 × 3   18) 7 × 3   19) 2 × 3   20) 7 × 3

21) 6 × 3   22) 9 × 3   23) 2 × 3   24) 5 × 3   25) 2 × 3

26) 3 × 3   27) 8 × 3   28) 6 × 3   29) 3 × 3   30) 2 × 3

31) 2 × 3   32) 9 × 3   33) 7 × 3   34) 1 × 3   35) 6 × 3

36) 4 × 3   37) 5 × 3   38) 1 × 3   39) 8 × 3   40) 1 × 3

41) 2 × 3   42) 9 × 3   43) 3 × 3   44) 6 × 3   45) 5 × 3

46) 5 × 3   47) 8 × 3   48) 7 × 3   49) 3 × 3   50) 4 × 3

www.kidsmathzone.com

X 3  MULTIPLYING X 3   SCORE: _____/50

3 Minute Drill (50 Questions) - SHEET 4

Name: _____
Date: _____

1) 1 × 3

2) 6 × 3

3) 4 × 3

4) 6 × 3

5) 5 × 3

6) 4 × 3

7) 8 × 3

8) 2 × 3

9) 2 × 3

10) 6 × 3

11) 3 × 3

12) 7 × 3

13) 5 × 3

14) 5 × 3

15) 8 × 3

16) 7 × 3

17) 4 × 3

18) 2 × 3

19) 1 × 3

20) 4 × 3

21) 9 × 3

22) 6 × 3

23) 3 × 3

24) 9 × 3

25) 5 × 3

26) 7 × 3

27) 1 × 3

28) 1 × 3

29) 2 × 3

30) 6 × 3

31) 7 × 3

32) 9 × 3

33) 9 × 3

34) 3 × 3

35) 1 × 3

36) 4 × 3

37) 6 × 3

38) 3 × 3

39) 8 × 3

40) 5 × 3

41) 4 × 3

42) 8 × 3

43) 6 × 3

44) 9 × 3

45) 5 × 3

46) 5 × 3

47) 7 × 3

48) 5 × 3

49) 3 × 3

50) 2 × 3

www.kidsmathzone.com

MULTIPLYING X 3

SCORE: ____/50

3 Minute Drill (50 Questions) - SHEET 5

Name: _____

Date: _____

1) 3 × 3
2) 5 × 3
3) 9 × 3
4) 4 × 3
5) 9 × 3

6) 5 × 3
7) 3 × 3
8) 8 × 3
9) 9 × 3
10) 6 × 3

11) 1 × 3
12) 4 × 3
13) 7 × 3
14) 6 × 3
15) 8 × 3

16) 2 × 3
17) 2 × 3
18) 3 × 3
19) 7 × 3
20) 2 × 3

21) 9 × 3
22) 5 × 3
23) 1 × 3
24) 2 × 3
25) 5 × 3

26) 4 × 3
27) 4 × 3
28) 8 × 3
29) 7 × 3
30) 3 × 3

31) 6 × 3
32) 5 × 3
33) 6 × 3
34) 4 × 3
35) 3 × 3

36) 5 × 3
37) 3 × 3
38) 1 × 3
39) 7 × 3
40) 6 × 3

41) 4 × 3
42) 7 × 3
43) 7 × 3
44) 7 × 3
45) 6 × 3

46) 8 × 3
47) 5 × 3
48) 5 × 3
49) 6 × 3
50) 1 × 3

www.kidsmathzone.com

X 4  MULTIPLYING X 4   SCORE: ____/50

3 Minute Drill (50 Questions) - SHEET 1

Name: _____

Date: _____

1) 2 x 4	2) 2 x 4	3) 2 x 4	4) 4 x 4	5) 7 x 4
6) 6 x 4	7) 1 x 4	8) 4 x 4	9) 3 x 4	10) 9 x 4
11) 3 x 4	12) 8 x 4	13) 2 x 4	14) 5 x 4	15) 9 x 4
16) 4 x 4	17) 3 x 4	18) 6 x 4	19) 7 x 4	20) 5 x 4
21) 7 x 4	22) 2 x 4	23) 9 x 4	24) 4 x 4	25) 2 x 4
26) 5 x 4	27) 9 x 4	28) 4 x 4	29) 6 x 4	30) 7 x 4
31) 2 x 4	32) 6 x 4	33) 2 x 4	34) 8 x 4	35) 9 x 4
36) 4 x 4	37) 8 x 4	38) 2 x 4	39) 9 x 4	40) 2 x 4
41) 5 x 4	42) 7 x 4	43) 6 x 4	44) 8 x 4	45) 5 x 4
46) 9 x 4	47) 3 x 4	48) 3 x 4	49) 7 x 4	50) 2 x 4

www.kidsmathzone.com

X 4

MULTIPLYING X 4

SCORE: _____/50

3 Minute Drill (50 Questions) - SHEET 2

Name: _____

Date: _____

1) 3 x 4	2) 3 x 4	3) 3 x 4	4) 4 x 4	5) 9 x 4
6) 2 x 4	7) 1 x 4	8) 8 x 4	9) 6 x 4	10) 2 x 4
11) 7 x 4	12) 8 x 4	13) 1 x 4	14) 1 x 4	15) 8 x 4
16) 8 x 4	17) 5 x 4	18) 7 x 4	19) 5 x 4	20) 6 x 4
21) 2 x 4	22) 4 x 4	23) 7 x 4	24) 1 x 4	25) 5 x 4
26) 7 x 4	27) 8 x 4	28) 5 x 4	29) 7 x 4	30) 1 x 4
31) 2 x 4	32) 2 x 4	33) 3 x 4	34) 8 x 4	35) 1 x 4
36) 7 x 4	37) 2 x 4	38) 6 x 4	39) 1 x 4	40) 5 x 4
41) 5 x 4	42) 9 x 4	43) 4 x 4	44) 9 x 4	45) 9 x 4
46) 3 x 4	47) 4 x 4	48) 1 x 4	49) 3 x 4	50) 2 x 4

www.kidsmathzone.com

X 4 MULTIPLYING X 4   SCORE: ____/50

3 Minute Drill (50 Questions) - SHEET 3

Name: _____

Date: _____

1) 6 × 4
2) 9 × 4
3) 6 × 4
4) 9 × 4
5) 2 × 4

6) 9 × 4
7) 1 × 4
8) 9 × 4
9) 8 × 4
10) 6 × 4

11) 1 × 4
12) 1 × 4
13) 4 × 4
14) 2 × 4
15) 9 × 4

16) 7 × 4
17) 7 × 4
18) 9 × 4
19) 2 × 4
20) 8 × 4

21) 6 × 4
22) 6 × 4
23) 1 × 4
24) 4 × 4
25) 9 × 4

26) 9 × 4
27) 6 × 4
28) 8 × 4
29) 8 × 4
30) 8 × 4

31) 9 × 4
32) 6 × 4
33) 4 × 4
34) 6 × 4
35) 3 × 4

36) 6 × 4
37) 8 × 4
38) 8 × 4
39) 5 × 4
40) 8 × 4

41) 8 × 4
42) 3 × 4
43) 7 × 4
44) 8 × 4
45) 2 × 4

46) 3 × 4
47) 9 × 4
48) 7 × 4
49) 5 × 4
50) 8 × 4

www.kidsmathzone.com

X 4

MULTIPLYING X 4

SCORE: _____/50

3 Minute Drill (50 Questions) - SHEET 4

Name: _____

Date: _____

1) 2 x 4	2) 8 x 4	3) 2 x 4	4) 3 x 4	5) 9 x 4
6) 1 x 4	7) 7 x 4	8) 9 x 4	9) 9 x 4	10) 6 x 4
11) 4 x 4	12) 1 x 4	13) 7 x 4	14) 7 x 4	15) 6 x 4
16) 6 x 4	17) 4 x 4	18) 8 x 4	19) 4 x 4	20) 2 x 4
21) 3 x 4	22) 6 x 4	23) 3 x 4	24) 8 x 4	25) 6 x 4
26) 5 x 4	27) 5 x 4	28) 8 x 4	29) 4 x 4	30) 7 x 4
31) 7 x 4	32) 1 x 4	33) 3 x 4	34) 6 x 4	35) 5 x 4
36) 3 x 4	37) 7 x 4	38) 9 x 4	39) 7 x 4	40) 2 x 4
41) 6 x 4	42) 7 x 4	43) 9 x 4	44) 4 x 4	45) 7 x 4
46) 3 x 4	47) 1 x 4	48) 8 x 4	49) 7 x 4	50) 6 x 4

www.kidsmathzone.com

MULTIPLYING X 4

SCORE: ____/50

3 Minute Drill (50 Questions) - SHEET 5

Name: _____

Date: _____

1) 7 × 4
2) 8 × 4
3) 4 × 4
4) 4 × 4
5) 4 × 4

6) 2 × 4
7) 3 × 4
8) 8 × 4
9) 6 × 4
10) 1 × 4

11) 2 × 4
12) 3 × 4
13) 5 × 4
14) 2 × 4
15) 6 × 4

16) 8 × 4
17) 6 × 4
18) 8 × 4
19) 9 × 4
20) 2 × 4

21) 4 × 4
22) 8 × 4
23) 9 × 4
24) 4 × 4
25) 2 × 4

26) 8 × 4
27) 4 × 4
28) 6 × 4
29) 3 × 4
30) 6 × 4

31) 1 × 4
32) 7 × 4
33) 3 × 4
34) 2 × 4
35) 8 × 4

36) 2 × 4
37) 7 × 4
38) 2 × 4
39) 5 × 4
40) 1 × 4

41) 7 × 4
42) 6 × 4
43) 4 × 4
44) 3 × 4
45) 9 × 4

46) 2 × 4
47) 7 × 4
48) 3 × 4
49) 9 × 4
50) 7 × 4

www.kidsmathzone.com

X5   MULTIPLYING X 5   SCORE: _____/50

3 Minute Drill (50 Questions) - SHEET 1

Name: _____

Date: _____

1) 4 × 5
2) 1 × 5
3) 2 × 5
4) 9 × 5
5) 4 × 5

6) 7 × 5
7) 8 × 5
8) 9 × 5
9) 5 × 5
10) 6 × 5

11) 2 × 5
12) 7 × 5
13) 4 × 5
14) 9 × 5
15) 8 × 5

16) 2 × 5
17) 8 × 5
18) 9 × 5
19) 8 × 5
20) 7 × 5

21) 7 × 5
22) 8 × 5
23) 1 × 5
24) 4 × 5
25) 5 × 5

26) 2 × 5
27) 3 × 5
28) 9 × 5
29) 3 × 5
30) 3 × 5

31) 2 × 5
32) 6 × 5
33) 8 × 5
34) 9 × 5
35) 3 × 5

36) 7 × 5
37) 1 × 5
38) 4 × 5
39) 1 × 5
40) 7 × 5

41) 3 × 5
42) 5 × 5
43) 3 × 5
44) 9 × 5
45) 1 × 5

46) 8 × 5
47) 2 × 5
48) 3 × 5
49) 7 × 5
50) 4 × 5

www.kidsmathzone.com

X 5  MULTIPLYING X 5   SCORE: ____/50

3 Minute Drill (50 Questions) - SHEET 2

Name: _____

Date: _____

1) 3 x 5	2) 5 x 5	3) 7 x 5	4) 1 x 5	5) 1 x 5
6) 7 x 5	7) 7 x 5	8) 3 x 5	9) 2 x 5	10) 6 x 5
11) 5 x 5	12) 8 x 5	13) 4 x 5	14) 9 x 5	15) 3 x 5
16) 9 x 5	17) 5 x 5	18) 9 x 5	19) 5 x 5	20) 7 x 5
21) 6 x 5	22) 6 x 5	23) 3 x 5	24) 3 x 5	25) 5 x 5
26) 5 x 5	27) 9 x 5	28) 2 x 5	29) 9 x 5	30) 9 x 5
31) 8 x 5	32) 9 x 5	33) 6 x 5	34) 6 x 5	35) 4 x 5
36) 1 x 5	37) 5 x 5	38) 2 x 5	39) 8 x 5	40) 3 x 5
41) 8 x 5	42) 2 x 5	43) 4 x 5	44) 7 x 5	45) 4 x 5
46) 9 x 5	47) 3 x 5	48) 3 x 5	49) 1 x 5	50) 1 x 5

www.kidsmathzone.com

X 5  MULTIPLYING X 5   SCORE: ____/50

3 Minute Drill (50 Questions) - SHEET 3

Name: _____

Date: _____

1) 5 × 5
2) 9 × 5
3) 9 × 5
4) 2 × 5
5) 4 × 5

6) 9 × 5
7) 4 × 5
8) 8 × 5
9) 8 × 5
10) 3 × 5

11) 6 × 5
12) 5 × 5
13) 8 × 5
14) 6 × 5
15) 3 × 5

16) 1 × 5
17) 7 × 5
18) 8 × 5
19) 3 × 5
20) 2 × 5

21) 2 × 5
22) 1 × 5
23) 6 × 5
24) 2 × 5
25) 8 × 5

26) 9 × 5
27) 9 × 5
28) 5 × 5
29) 6 × 5
30) 6 × 5

31) 7 × 5
32) 3 × 5
33) 1 × 5
34) 9 × 5
35) 8 × 5

36) 6 × 5
37) 2 × 5
38) 7 × 5
39) 8 × 5
40) 8 × 5

41) 1 × 5
42) 5 × 5
43) 1 × 5
44) 4 × 5
45) 4 × 5

46) 1 × 5
47) 8 × 5
48) 6 × 5
49) 1 × 5
50) 7 × 5

www.kidsmathzone.com

X 5

MULTIPLYING X 5

SCORE: ____/50

3 Minute Drill (50 Questions) - SHEET 4

Name: _____

Date: _____

1) 1 x 5	2) 4 x 5	3) 2 x 5	4) 3 x 5	5) 5 x 5
6) 3 x 5	7) 9 x 5	8) 8 x 5	9) 4 x 5	10) 8 x 5
11) 9 x 5	12) 8 x 5	13) 2 x 5	14) 6 x 5	15) 2 x 5
16) 5 x 5	17) 4 x 5	18) 3 x 5	19) 1 x 5	20) 2 x 5
21) 9 x 5	22) 4 x 5	23) 7 x 5	24) 3 x 5	25) 8 x 5
26) 7 x 5	27) 4 x 5	28) 7 x 5	29) 2 x 5	30) 7 x 5
31) 8 x 5	32) 8 x 5	33) 8 x 5	34) 7 x 5	35) 2 x 5
36) 9 x 5	37) 5 x 5	38) 9 x 5	39) 4 x 5	40) 9 x 5
41) 4 x 5	42) 4 x 5	43) 9 x 5	44) 5 x 5	45) 5 x 5
46) 5 x 5	47) 1 x 5	48) 2 x 5	49) 7 x 5	50) 1 x 5

www.kidsmathzone.com

X 5  MULTIPLYING X 5   SCORE: ____/50

3 Minute Drill (50 Questions) - SHEET 5

Name: _____

Date: _____

1) 8 x 5	2) 5 x 5	3) 3 x 5	4) 6 x 5	5) 8 x 5
6) 2 x 5	7) 4 x 5	8) 7 x 5	9) 5 x 5	10) 9 x 5
11) 1 x 5	12) 4 x 5	13) 9 x 5	14) 2 x 5	15) 4 x 5
16) 8 x 5	17) 2 x 5	18) 6 x 5	19) 1 x 5	20) 7 x 5
21) 7 x 5	22) 4 x 5	23) 6 x 5	24) 1 x 5	25) 3 x 5
26) 8 x 5	27) 4 x 5	28) 9 x 5	29) 2 x 5	30) 9 x 5
31) 2 x 5	32) 9 x 5	33) 8 x 5	34) 6 x 5	35) 1 x 5
36) 6 x 5	37) 6 x 5	38) 1 x 5	39) 6 x 5	40) 4 x 5
41) 8 x 5	42) 3 x 5	43) 7 x 5	44) 1 x 5	45) 2 x 5
46) 4 x 5	47) 8 x 5	48) 5 x 5	49) 2 x 5	50) 2 x 5

www.kidsmathzone.com

X 6  MULTIPLYING X 6 SCORE: _____/50

3 Minute Drill (50 Questions) - SHEET 1

Name: _____

Date: _____

1) 1 × 6   2) 2 × 6   3) 5 × 6   4) 5 × 6   5) 7 × 6

6) 2 × 6   7) 6 × 6   8) 4 × 6   9) 2 × 6   10) 4 × 6

11) 5 × 6   12) 5 × 6   13) 8 × 6   14) 7 × 6   15) 3 × 6

16) 9 × 6   17) 8 × 6   18) 4 × 6   19) 1 × 6   20) 6 × 6

21) 5 × 6   22) 4 × 6   23) 1 × 6   24) 8 × 6   25) 1 × 6

26) 7 × 6   27) 9 × 6   28) 8 × 6   29) 2 × 6   30) 2 × 6

31) 8 × 6   32) 5 × 6   33) 2 × 6   34) 1 × 6   35) 9 × 6

36) 2 × 6   37) 2 × 6   38) 5 × 6   39) 9 × 6   40) 1 × 6

41) 1 × 6   42) 2 × 6   43) 3 × 6   44) 8 × 6   45) 5 × 6

46) 6 × 6   47) 1 × 6   48) 9 × 6   49) 5 × 6   50) 4 × 6

www.kidsmathzone.com

X 6  MULTIPLYING X 6   SCORE: _____/50

3 Minute Drill (50 Questions) - SHEET 2

Name: _____

Date: _____

1) 7   2) 1   3) 8   4) 6   5) 5
  x 6   x 6   x 6   x 6   x 6

6) 5   7) 9   8) 8   9) 5   10) 4
  x 6   x 6   x 6   x 6   x 6

11) 4   12) 9   13) 7   14) 4   15) 1
  x 6   x 6   x 6   x 6   x 6

16) 2   17) 2   18) 4   19) 9   20) 2
  x 6   x 6   x 6   x 6   x 6

21) 6   22) 4   23) 4   24) 4   25) 7
  x 6   x 6   x 6   x 6   x 6

26) 8   27) 5   28) 9   29) 1   30) 9
  x 6   x 6   x 6   x 6   x 6

31) 1   32) 7   33) 1   34) 6   35) 8
  x 6   x 6   x 6   x 6   x 6

36) 6   37) 2   38) 2   39) 1   40) 7
  x 6   x 6   x 6   x 6   x 6

41) 4   42) 2   43) 9   44) 2   45) 4
  x 6   x 6   x 6   x 6   x 6

46) 2   47) 8   48) 8   49) 3   50) 5
  x 6   x 6   x 6   x 6   x 6

www.kidsmathzone.com

X 6  MULTIPLYING X 6   SCORE: ____/50

3 Minute Drill (50 Questions) - SHEET 3

Name: _____

Date: _____

1) 7 × 6	2) 5 × 6	3) 4 × 6	4) 8 × 6	5) 2 × 6
6) 7 × 6	7) 2 × 6	8) 2 × 6	9) 1 × 6	10) 2 × 6
11) 4 × 6	12) 8 × 6	13) 6 × 6	14) 8 × 6	15) 1 × 6
16) 8 × 6	17) 2 × 6	18) 4 × 6	19) 8 × 6	20) 3 × 6
21) 7 × 6	22) 8 × 6	23) 2 × 6	24) 3 × 6	25) 5 × 6
26) 6 × 6	27) 5 × 6	28) 5 × 6	29) 3 × 6	30) 8 × 6
31) 2 × 6	32) 5 × 6	33) 4 × 6	34) 9 × 6	35) 3 × 6
36) 9 × 6	37) 1 × 6	38) 5 × 6	39) 1 × 6	40) 5 × 6
41) 7 × 6	42) 2 × 6	43) 5 × 6	44) 7 × 6	45) 6 × 6
46) 1 × 6	47) 8 × 6	48) 9 × 6	49) 4 × 6	50) 7 × 6

www.kidsmathzone.com

$\times 6$  MULTIPLYING X 6

SCORE: ____/50

3 Minute Drill (50 Questions) - SHEET 4

Name: _____

Date: _____

1)   1
  x 6
	2) 7
	  x 6
		3) 8
		  x 6
			4) 8
			  x 6
				5) 9
				  x 6

6)   1
  x 6
	7) 2
	  x 6
		8) 2
		  x 6
			9) 9
			  x 6
				10) 7
				  x 6

11)   2
  x 6
	12) 6
	  x 6
		13) 8
		  x 6
			14) 7
			  x 6
				15) 2
				  x 6

16)   9
  x 6
	17) 3
	  x 6
		18) 8
		  x 6
			19) 4
			  x 6
				20) 4
				  x 6

21)   1
  x 6
	22) 5
	  x 6
		23) 5
		  x 6
			24) 5
			  x 6
				25) 8
				  x 6

26)   1
  x 6
	27) 5
	  x 6
		28) 6
		  x 6
			29) 7
			  x 6
				30) 1
				  x 6

31)   7
  x 6
	32) 1
	  x 6
		33) 6
		  x 6
			34) 1
			  x 6
				35) 4
				  x 6

36)   9
  x 6
	37) 3
	  x 6
		38) 8
		  x 6
			39) 6
			  x 6
				40) 5
				  x 6

41)   2
  x 6
	42) 6
	  x 6
		43) 1
		  x 6
			44) 2
			  x 6
				45) 1
				  x 6

46)   8
  x 6
	47) 8
	  x 6
		48) 8
		  x 6
			49) 5
			  x 6
				50) 9
				  x 6

www.kidsmathzone.com

X 6  MULTIPLYING X 6   SCORE: ____/50

3 Minute Drill (50 Questions) - SHEET 5

Name: _____

Date: _____

1) 8 × 6   2) 9 × 6   3) 4 × 6   4) 3 × 6   5) 5 × 6

6) 2 × 6   7) 6 × 6   8) 3 × 6   9) 4 × 6   10) 6 × 6

11) 5 × 6   12) 1 × 6   13) 6 × 6   14) 2 × 6   15) 3 × 6

16) 7 × 6   17) 2 × 6   18) 1 × 6   19) 9 × 6   20) 7 × 6

21) 1 × 6   22) 5 × 6   23) 1 × 6   24) 7 × 6   25) 4 × 6

26) 2 × 6   27) 1 × 6   28) 2 × 6   29) 8 × 6   30) 1 × 6

31) 9 × 6   32) 3 × 6   33) 1 × 6   34) 2 × 6   35) 9 × 6

36) 8 × 6   37) 1 × 6   38) 7 × 6   39) 5 × 6   40) 5 × 6

41) 1 × 6   42) 4 × 6   43) 1 × 6   44) 4 × 6   45) 1 × 6

46) 6 × 6   47) 6 × 6   48) 3 × 6   49) 9 × 6   50) 5 × 6

www.kidsmathzone.com

X 7  MULTIPLYING X 7

SCORE: ____/50

3 Minute Drill (50 Questions) - SHEET 1

Name: _____

Date: _____

1) 6 × 7	2) 1 × 7	3) 5 × 7	4) 6 × 7	5) 5 × 7
6) 7 × 7	7) 3 × 7	8) 7 × 7	9) 6 × 7	10) 7 × 7
11) 5 × 7	12) 9 × 7	13) 8 × 7	14) 4 × 7	15) 4 × 7
16) 8 × 7	17) 3 × 7	18) 6 × 7	19) 2 × 7	20) 5 × 7
21) 3 × 7	22) 8 × 7	23) 7 × 7	24) 5 × 7	25) 5 × 7
26) 5 × 7	27) 6 × 7	28) 2 × 7	29) 5 × 7	30) 1 × 7
31) 9 × 7	32) 8 × 7	33) 9 × 7	34) 7 × 7	35) 7 × 7
36) 1 × 7	37) 4 × 7	38) 9 × 7	39) 5 × 7	40) 8 × 7
41) 1 × 7	42) 8 × 7	43) 3 × 7	44) 3 × 7	45) 8 × 7
46) 7 × 7	47) 1 × 7	48) 9 × 7	49) 8 × 7	50) 3 × 7

www.kidsmathzone.com

X 7  MULTIPLYING X 7   SCORE: ____/50

3 Minute Drill (50 Questions) - SHEET 2

Name: _____

Date: _____

1) 3 x 7	2) 5 x 7	3) 8 x 7	4) 3 x 7	5) 2 x 7
6) 4 x 7	7) 4 x 7	8) 8 x 7	9) 6 x 7	10) 4 x 7
11) 6 x 7	12) 7 x 7	13) 6 x 7	14) 5 x 7	15) 2 x 7
16) 4 x 7	17) 7 x 7	18) 1 x 7	19) 1 x 7	20) 8 x 7
21) 1 x 7	22) 1 x 7	23) 2 x 7	24) 1 x 7	25) 6 x 7
26) 3 x 7	27) 9 x 7	28) 1 x 7	29) 4 x 7	30) 2 x 7
31) 7 x 7	32) 4 x 7	33) 8 x 7	34) 6 x 7	35) 9 x 7
36) 7 x 7	37) 8 x 7	38) 6 x 7	39) 9 x 7	40) 9 x 7
41) 1 x 7	42) 1 x 7	43) 7 x 7	44) 7 x 7	45) 4 x 7
46) 2 x 7	47) 8 x 7	48) 9 x 7	49) 6 x 7	50) 4 x 7

www.kidsmathzone.com

MULTIPLYING X 7

SCORE: _____/50

3 Minute Drill (50 Questions) - SHEET 3

Name: _____

Date: _____

1) 5 × 7
2) 3 × 7
3) 2 × 7
4) 3 × 7
5) 1 × 7

6) 4 × 7
7) 9 × 7
8) 6 × 7
9) 4 × 7
10) 3 × 7

11) 9 × 7
12) 2 × 7
13) 7 × 7
14) 6 × 7
15) 2 × 7

16) 6 × 7
17) 9 × 7
18) 9 × 7
19) 9 × 7
20) 1 × 7

21) 8 × 7
22) 8 × 7
23) 5 × 7
24) 1 × 7
25) 7 × 7

26) 7 × 7
27) 2 × 7
28) 1 × 7
29) 7 × 7
30) 8 × 7

31) 9 × 7
32) 8 × 7
33) 7 × 7
34) 1 × 7
35) 6 × 7

36) 6 × 7
37) 4 × 7
38) 9 × 7
39) 2 × 7
40) 6 × 7

41) 8 × 7
42) 9 × 7
43) 1 × 7
44) 2 × 7
45) 5 × 7

46) 4 × 7
47) 1 × 7
48) 2 × 7
49) 2 × 7
50) 4 × 7

www.kidsmathzone.com

X 7   MULTIPLYING X 7   SCORE: ____/50

3 Minute Drill (50 Questions) - SHEET 4

Name: _____
Date: _____

1) 7 × 7   2) 3 × 7   3) 7 × 7   4) 3 × 7   5) 4 × 7

6) 9 × 7   7) 4 × 7   8) 6 × 7   9) 9 × 7   10) 2 × 7

11) 9 × 7   12) 7 × 7   13) 4 × 7   14) 8 × 7   15) 2 × 7

16) 4 × 7   17) 3 × 7   18) 1 × 7   19) 1 × 7   20) 6 × 7

21) 5 × 7   22) 6 × 7   23) 2 × 7   24) 4 × 7   25) 6 × 7

26) 7 × 7   27) 3 × 7   28) 1 × 7   29) 1 × 7   30) 5 × 7

31) 6 × 7   32) 8 × 7   33) 2 × 7   34) 6 × 7   35) 1 × 7

36) 9 × 7   37) 9 × 7   38) 7 × 7   39) 2 × 7   40) 9 × 7

41) 1 × 7   42) 5 × 7   43) 6 × 7   44) 9 × 7   45) 5 × 7

46) 7 × 7   47) 3 × 7   48) 3 × 7   49) 8 × 7   50) 9 × 7

www.kidsmathzone.com

X 7

MULTIPLYING X 7

SCORE: _____/50

3 Minute Drill (50 Questions) - SHEET 5

Name: _____

Date: _____

1) 1 x 7	2) 7 x 7	3) 9 x 7	4) 7 x 7	5) 7 x 7
6) 6 x 7	7) 2 x 7	8) 8 x 7	9) 3 x 7	10) 6 x 7
11) 3 x 7	12) 1 x 7	13) 6 x 7	14) 4 x 7	15) 8 x 7
16) 8 x 7	17) 3 x 7	18) 6 x 7	19) 1 x 7	20) 6 x 7
21) 1 x 7	22) 9 x 7	23) 6 x 7	24) 5 x 7	25) 3 x 7
26) 8 x 7	27) 5 x 7	28) 9 x 7	29) 6 x 7	30) 2 x 7
31) 2 x 7	32) 9 x 7	33) 5 x 7	34) 6 x 7	35) 4 x 7
36) 6 x 7	37) 2 x 7	38) 5 x 7	39) 9 x 7	40) 6 x 7
41) 2 x 7	42) 8 x 7	43) 9 x 7	44) 4 x 7	45) 7 x 7
46) 9 x 7	47) 5 x 7	48) 1 x 7	49) 7 x 7	50) 2 x 7

www.kidsmathzone.com

X 8

MULTIPLYING X 8

SCORE: _____/50

3 Minute Drill (50 Questions) - SHEET 1

Name: _____

Date: _____

1) 7 × 8	2) 6 × 8	3) 9 × 8	4) 2 × 8	5) 1 × 8
6) 8 × 8	7) 1 × 8	8) 3 × 8	9) 7 × 8	10) 7 × 8
11) 6 × 8	12) 5 × 8	13) 1 × 8	14) 2 × 8	15) 8 × 8
16) 9 × 8	17) 1 × 8	18) 3 × 8	19) 6 × 8	20) 1 × 8
21) 7 × 8	22) 8 × 8	23) 8 × 8	24) 9 × 8	25) 4 × 8
26) 4 × 8	27) 8 × 8	28) 8 × 8	29) 7 × 8	30) 9 × 8
31) 7 × 8	32) 2 × 8	33) 1 × 8	34) 3 × 8	35) 2 × 8
36) 3 × 8	37) 8 × 8	38) 8 × 8	39) 3 × 8	40) 3 × 8
41) 1 × 8	42) 6 × 8	43) 3 × 8	44) 2 × 8	45) 5 × 8
46) 6 × 8	47) 1 × 8	48) 7 × 8	49) 4 × 8	50) 1 × 8

www.kidsmathzone.com

X 8

MULTIPLYING X 8

SCORE: _____/50

3 Minute Drill (50 Questions) - SHEET 2

Name: _____

Date: _____

1) 8
   x 8

2) 7
   x 8

3) 1
   x 8

4) 5
   x 8

5) 9
   x 8

6) 9
   x 8

7) 4
   x 8

8) 3
   x 8

9) 3
   x 8

10) 4
    x 8

11) 3
    x 8

12) 5
    x 8

13) 6
    x 8

14) 5
    x 8

15) 4
    x 8

16) 8
    x 8

17) 3
    x 8

18) 6
    x 8

19) 7
    x 8

20) 6
    x 8

21) 6
    x 8

22) 8
    x 8

23) 7
    x 8

24) 5
    x 8

25) 9
    x 8

26) 6
    x 8

27) 3
    x 8

28) 3
    x 8

29) 5
    x 8

30) 9
    x 8

31) 1
    x 8

32) 5
    x 8

33) 6
    x 8

34) 7
    x 8

35) 7
    x 8

36) 4
    x 8

37) 7
    x 8

38) 5
    x 8

39) 2
    x 8

40) 3
    x 8

41) 4
    x 8

42) 2
    x 8

43) 8
    x 8

44) 9
    x 8

45) 4
    x 8

46) 3
    x 8

47) 8
    x 8

48) 6
    x 8

49) 3
    x 8

50) 6
    x 8

www.kidsmathzone.com

X8  MULTIPLYING X 8   SCORE: ____/50

3 Minute Drill (50 Questions) - SHEET 3

Name: _____

Date: _____

1) 8 × 8	2) 7 × 8	3) 9 × 8	4) 4 × 8	5) 6 × 8
6) 7 × 8	7) 4 × 8	8) 8 × 8	9) 3 × 8	10) 2 × 8
11) 7 × 8	12) 1 × 8	13) 2 × 8	14) 1 × 8	15) 7 × 8
16) 6 × 8	17) 3 × 8	18) 3 × 8	19) 4 × 8	20) 7 × 8
21) 9 × 8	22) 6 × 8	23) 1 × 8	24) 5 × 8	25) 4 × 8
26) 5 × 8	27) 1 × 8	28) 6 × 8	29) 5 × 8	30) 1 × 8
31) 7 × 8	32) 1 × 8	33) 7 × 8	34) 9 × 8	35) 9 × 8
36) 6 × 8	37) 7 × 8	38) 9 × 8	39) 1 × 8	40) 5 × 8
41) 8 × 8	42) 7 × 8	43) 1 × 8	44) 3 × 8	45) 8 × 8
46) 7 × 8	47) 2 × 8	48) 9 × 8	49) 2 × 8	50) 4 × 8

www.kidsmathzone.com

X 8

 **MULTIPLYING X 8**

SCORE: _____/50

3 Minute Drill (50 Questions) - SHEET 4

Name: _____

Date: _____

1) 7 × 8	2) 6 × 8	3) 6 × 8	4) 1 × 8	5) 4 × 8
6) 7 × 8	7) 9 × 8	8) 4 × 8	9) 8 × 8	10) 6 × 8
11) 2 × 8	12) 7 × 8	13) 2 × 8	14) 8 × 8	15) 6 × 8
16) 3 × 8	17) 4 × 8	18) 3 × 8	19) 2 × 8	20) 1 × 8
21) 2 × 8	22) 3 × 8	23) 2 × 8	24) 5 × 8	25) 6 × 8
26) 3 × 8	27) 6 × 8	28) 3 × 8	29) 1 × 8	30) 9 × 8
31) 5 × 8	32) 8 × 8	33) 1 × 8	34) 9 × 8	35) 5 × 8
36) 9 × 8	37) 1 × 8	38) 7 × 8	39) 5 × 8	40) 9 × 8
41) 1 × 8	42) 5 × 8	43) 7 × 8	44) 1 × 8	45) 3 × 8
46) 3 × 8	47) 8 × 8	48) 6 × 8	49) 8 × 8	50) 3 × 8

www.kidsmathzone.com

X 8  MULTIPLYING X 8   SCORE: ____/50

3 Minute Drill (50 Questions) - SHEET 5

Name: _____

Date: _____

1) 6 × 8   2) 1 × 8   3) 3 × 8   4) 5 × 8   5) 3 × 8

6) 9 × 8   7) 3 × 8   8) 2 × 8   9) 6 × 8   10) 5 × 8

11) 6 × 8   12) 9 × 8   13) 5 × 8   14) 2 × 8   15) 1 × 8

16) 8 × 8   17) 9 × 8   18) 3 × 8   19) 6 × 8   20) 2 × 8

21) 8 × 8   22) 1 × 8   23) 9 × 8   24) 7 × 8   25) 8 × 8

26) 1 × 8   27) 9 × 8   28) 5 × 8   29) 2 × 8   30) 2 × 8

31) 5 × 8   32) 5 × 8   33) 1 × 8   34) 8 × 8   35) 5 × 8

36) 3 × 8   37) 6 × 8   38) 4 × 8   39) 5 × 8   40) 4 × 8

41) 6 × 8   42) 2 × 8   43) 9 × 8   44) 1 × 8   45) 5 × 8

46) 5 × 8   47) 6 × 8   48) 8 × 8   49) 7 × 8   50) 3 × 8

www.kidsmathzone.com

X 9  MULTIPLYING X 9   SCORE: ____/50

3 Minute Drill (50 Questions) - SHEET 1

Name: _____

Date: _____

1) 3 x 9	2) 1 x 9	3) 8 x 9	4) 8 x 9	5) 3 x 9
6) 2 x 9	7) 7 x 9	8) 6 x 9	9) 9 x 9	10) 7 x 9
11) 6 x 9	12) 9 x 9	13) 9 x 9	14) 9 x 9	15) 4 x 9
16) 1 x 9	17) 8 x 9	18) 6 x 9	19) 1 x 9	20) 5 x 9
21) 9 x 9	22) 8 x 9	23) 8 x 9	24) 6 x 9	25) 3 x 9
26) 2 x 9	27) 5 x 9	28) 5 x 9	29) 5 x 9	30) 8 x 9
31) 3 x 9	32) 1 x 9	33) 1 x 9	34) 7 x 9	35) 1 x 9
36) 1 x 9	37) 7 x 9	38) 7 x 9	39) 8 x 9	40) 3 x 9
41) 6 x 9	42) 1 x 9	43) 4 x 9	44) 7 x 9	45) 4 x 9
46) 4 x 9	47) 4 x 9	48) 9 x 9	49) 4 x 9	50) 8 x 9

www.kidsmathzone.com

MULTIPLYING X 9

SCORE: ____/50

3 Minute Drill (50 Questions) - SHEET 2

Name: _____

Date: _____

1) 9 × 9	2) 6 × 9	3) 1 × 9	4) 2 × 9	5) 6 × 9
6) 2 × 9	7) 5 × 9	8) 1 × 9	9) 8 × 9	10) 1 × 9
11) 2 × 9	12) 7 × 9	13) 8 × 9	14) 1 × 9	15) 7 × 9
16) 6 × 9	17) 6 × 9	18) 4 × 9	19) 4 × 9	20) 2 × 9
21) 5 × 9	22) 8 × 9	23) 7 × 9	24) 4 × 9	25) 4 × 9
26) 6 × 9	27) 5 × 9	28) 9 × 9	29) 6 × 9	30) 5 × 9
31) 7 × 9	32) 5 × 9	33) 7 × 9	34) 1 × 9	35) 4 × 9
36) 4 × 9	37) 3 × 9	38) 7 × 9	39) 8 × 9	40) 5 × 9
41) 8 × 9	42) 3 × 9	43) 8 × 9	44) 6 × 9	45) 8 × 9
46) 4 × 9	47) 4 × 9	48) 7 × 9	49) 9 × 9	50) 5 × 9

www.kidsmathzone.com

X 9  MULTIPLYING X 9   SCORE: ____/50

3 Minute Drill (50 Questions) - SHEET 3

Name: _____

Date: _____

1) 7 x 9	2) 8 x 9	3) 1 x 9	4) 2 x 9	5) 3 x 9
6) 7 x 9	7) 8 x 9	8) 1 x 9	9) 9 x 9	10) 7 x 9
11) 9 x 9	12) 9 x 9	13) 1 x 9	14) 7 x 9	15) 4 x 9
16) 5 x 9	17) 4 x 9	18) 3 x 9	19) 4 x 9	20) 9 x 9
21) 5 x 9	22) 6 x 9	23) 9 x 9	24) 9 x 9	25) 4 x 9
26) 8 x 9	27) 2 x 9	28) 6 x 9	29) 3 x 9	30) 9 x 9
31) 9 x 9	32) 4 x 9	33) 6 x 9	34) 8 x 9	35) 2 x 9
36) 6 x 9	37) 2 x 9	38) 4 x 9	39) 4 x 9	40) 3 x 9
41) 7 x 9	42) 3 x 9	43) 4 x 9	44) 7 x 9	45) 2 x 9
46) 5 x 9	47) 6 x 9	48) 4 x 9	49) 6 x 9	50) 5 x 9

www.kidsmathzone.com

X 9  MULTIPLYING X 9   SCORE: ____/50

3 Minute Drill (50 Questions) - SHEET 4

Name: _____

Date: _____

1) 2 × 9
2) 5 × 9
3) 7 × 9
4) 4 × 9
5) 2 × 9

6) 7 × 9
7) 5 × 9
8) 6 × 9
9) 4 × 9
10) 5 × 9

11) 2 × 9
12) 8 × 9
13) 9 × 9
14) 1 × 9
15) 8 × 9

16) 4 × 9
17) 5 × 9
18) 6 × 9
19) 2 × 9
20) 6 × 9

21) 1 × 9
22) 4 × 9
23) 4 × 9
24) 4 × 9
25) 9 × 9

26) 6 × 9
27) 8 × 9
28) 5 × 9
29) 1 × 9
30) 1 × 9

31) 4 × 9
32) 8 × 9
33) 8 × 9
34) 3 × 9
35) 1 × 9

36) 7 × 9
37) 9 × 9
38) 6 × 9
39) 2 × 9
40) 4 × 9

41) 5 × 9
42) 9 × 9
43) 1 × 9
44) 7 × 9
45) 6 × 9

46) 4 × 9
47) 8 × 9
48) 8 × 9
49) 1 × 9
50) 2 × 9

www.kidsmathzone.com

MULTIPLYING X 9

X 9

3 Minute Drill (50 Questions) - SHEET 5

SCORE: ____/50

Name: _____

Date: _____

1) 4 x 9	2) 4 x 9	3) 7 x 9	4) 8 x 9	5) 2 x 9
6) 3 x 9	7) 1 x 9	8) 3 x 9	9) 4 x 9	10) 6 x 9
11) 4 x 9	12) 2 x 9	13) 2 x 9	14) 9 x 9	15) 3 x 9
16) 7 x 9	17) 4 x 9	18) 4 x 9	19) 7 x 9	20) 3 x 9
21) 3 x 9	22) 1 x 9	23) 5 x 9	24) 9 x 9	25) 2 x 9
26) 6 x 9	27) 6 x 9	28) 2 x 9	29) 4 x 9	30) 3 x 9
31) 9 x 9	32) 5 x 9	33) 6 x 9	34) 1 x 9	35) 9 x 9
36) 4 x 9	37) 3 x 9	38) 8 x 9	39) 1 x 9	40) 7 x 9
41) 3 x 9	42) 7 x 9	43) 8 x 9	44) 3 x 9	45) 3 x 9
46) 4 x 9	47) 6 x 9	48) 6 x 9	49) 6 x 9	50) 6 x 9

www.kidsmathzone.com

X 10

MULTIPLYING X 10

SCORE: ____/50

3 Minute Drill (50 Questions) - SHEET 1

Name: _____

Date: _____

1) 10 × 4	2) 10 × 5	3) 10 × 3	4) 10 × 5	5) 10 × 8
6) 10 × 1	7) 10 × 3	8) 10 × 6	9) 10 × 3	10) 10 × 6
11) 10 × 6	12) 10 × 1	13) 10 × 4	14) 10 × 3	15) 10 × 8
16) 10 × 6	17) 10 × 7	18) 10 × 6	19) 10 × 5	20) 10 × 4
21) 10 × 2	22) 10 × 7	23) 10 × 2	24) 10 × 9	25) 10 × 7
26) 10 × 5	27) 10 × 6	28) 10 × 8	29) 10 × 9	30) 10 × 3
31) 10 × 6	32) 10 × 1	33) 10 × 8	34) 10 × 5	35) 10 × 8
36) 10 × 3	37) 10 × 9	38) 10 × 7	39) 10 × 5	40) 10 × 2
41) 10 × 2	42) 10 × 9	43) 10 × 9	44) 10 × 7	45) 10 × 7
46) 10 × 3	47) 10 × 5	48) 10 × 4	49) 10 × 6	50) 10 × 6

www.kidsmathzone.com

x 10

MULTIPLYING X 10   SCORE: ____/50

3 Minute Drill (50 Questions) - SHEET 2

Name: _____

Date: _____

1) 10 x 7	2) 10 x 3	3) 10 x 2	4) 10 x 4	5) 10 x 6
6) 10 x 7	7) 10 x 8	8) 10 x 1	9) 10 x 2	10) 10 x 9
11) 10 x 7	12) 10 x 6	13) 10 x 6	14) 10 x 4	15) 10 x 8
16) 10 x 8	17) 10 x 2	18) 10 x 3	19) 10 x 1	20) 10 x 9
21) 10 x 3	22) 10 x 9	23) 10 x 1	24) 10 x 3	25) 10 x 2
26) 10 x 8	27) 10 x 9	28) 10 x 9	29) 10 x 7	30) 10 x 9
31) 10 x 5	32) 10 x 4	33) 10 x 6	34) 10 x 3	35) 10 x 6
36) 10 x 9	37) 10 x 6	38) 10 x 4	39) 10 x 5	40) 10 x 8
41) 10 x 1	42) 10 x 8	43) 10 x 5	44) 10 x 7	45) 10 x 7
46) 10 x 9	47) 10 x 8	48) 10 x 1	49) 10 x 9	50) 10 x 8

www.kidsmathzone.com

X 10

MULTIPLYING X 10

Minute Drill (50 Questions) - SHEET 3

SCORE: _____/50

Name: _____

Date: _____

1) 10 × 6	2) 10 × 4	3) 10 × 3	4) 10 × 6	5) 10 × 1
6) 10 × 1	7) 10 × 6	8) 10 × 9	9) 10 × 8	10) 10 × 6
11) 10 × 8	12) 10 × 5	13) 10 × 4	14) 10 × 5	15) 10 × 1
16) 10 × 6	17) 10 × 6	18) 10 × 9	19) 10 × 1	20) 10 × 2
21) 10 × 4	22) 10 × 2	23) 10 × 7	24) 10 × 8	25) 10 × 4
26) 10 × 6	27) 10 × 7	28) 10 × 8	29) 10 × 3	30) 10 × 3
31) 10 × 6	32) 10 × 1	33) 10 × 8	34) 10 × 6	35) 10 × 1
36) 10 × 9	37) 10 × 9	38) 10 × 8	39) 10 × 7	40) 10 × 2
41) 10 × 9	42) 10 × 4	43) 10 × 9	44) 10 × 2	45) 10 × 4
46) 10 × 8	47) 10 × 6	48) 10 × 7	49) 10 × 8	50) 10 × 8

www.kidsmathzone.com

X 10

MULTIPLYING X 10   SCORE: _____/50

Minute Drill (50 Questions) - SHEET 4

Name: _____

Date: _____

1) 10 x 8	2) 10 x 6	3) 10 x 5	4) 10 x 1	5) 10 x 6
6) 10 x 3	7) 10 x 7	8) 10 x 6	9) 10 x 9	10) 10 x 7
11) 10 x 8	12) 10 x 5	13) 10 x 4	14) 10 x 5	15) 10 x 6
16) 10 x 6	17) 10 x 9	18) 10 x 6	19) 10 x 4	20) 10 x 5
21) 10 x 5	22) 10 x 8	23) 10 x 4	24) 10 x 1	25) 10 x 3
26) 10 x 6	27) 10 x 5	28) 10 x 7	29) 10 x 8	30) 10 x 7
31) 10 x 8	32) 10 x 1	33) 10 x 2	34) 10 x 1	35) 10 x 3
36) 10 x 6	37) 10 x 3	38) 10 x 7	39) 10 x 1	40) 10 x 5
41) 10 x 1	42) 10 x 4	43) 10 x 5	44) 10 x 9	45) 10 x 2
46) 10 x 4	47) 10 x 8	48) 10 x 4	49) 10 x 7	50) 10 x 4

www.kidsmathzone.com

X 10

MULTIPLYING X 10

SCORE: _____/50

3 Minute Drill (50 Questions) - SHEET 5

Name: _____

Date: _____

1) 10 x 6	2) 10 x 6	3) 10 x 2	4) 10 x 2	5) 10 x 3
6) 10 x 6	7) 10 x 4	8) 10 x 1	9) 10 x 5	10) 10 x 2
11) 10 x 6	12) 10 x 6	13) 10 x 6	14) 10 x 1	15) 10 x 5
16) 10 x 5	17) 10 x 4	18) 10 x 7	19) 10 x 7	20) 10 x 3
21) 10 x 5	22) 10 x 2	23) 10 x 2	24) 10 x 6	25) 10 x 1
26) 10 x 9	27) 10 x 6	28) 10 x 2	29) 10 x 1	30) 10 x 4
31) 10 x 8	32) 10 x 3	33) 10 x 7	34) 10 x 1	35) 10 x 1
36) 10 x 8	37) 10 x 8	38) 10 x 7	39) 10 x 2	40) 10 x 9
41) 10 x 3	42) 10 x 9	43) 10 x 5	44) 10 x 3	45) 10 x 7
46) 10 x 6	47) 10 x 2	48) 10 x 1	49) 10 x 9	50) 10 x 5

www.kidsmathzone.com

X 11

MULTIPLYING X 11

SCORE: ____/50

3 Minute Drill (50 Questions) - SHEET 1

Name: _____

Date: _____

1) 11 × 2	2) 11 × 4	3) 11 × 8	4) 11 × 6	5) 11 × 9
6) 11 × 8	7) 11 × 3	8) 11 × 9	9) 11 × 5	10) 11 × 2
11) 11 × 2	12) 11 × 1	13) 11 × 1	14) 11 × 6	15) 11 × 9
16) 11 × 9	17) 11 × 2	18) 11 × 4	19) 11 × 3	20) 11 × 4
21) 11 × 9	22) 11 × 6	23) 11 × 6	24) 11 × 2	25) 11 × 5
26) 11 × 6	27) 11 × 1	28) 11 × 9	29) 11 × 3	30) 11 × 6
31) 11 × 6	32) 11 × 5	33) 11 × 4	34) 11 × 2	35) 11 × 2
36) 11 × 8	37) 11 × 5	38) 11 × 1	39) 11 × 7	40) 11 × 8
41) 11 × 6	42) 11 × 9	43) 11 × 1	44) 11 × 7	45) 11 × 6
46) 11 × 4	47) 11 × 4	48) 11 × 2	49) 11 × 3	50) 11 × 1

www.kidsmathzone.com

X 11

MULTIPLYING X 11

SCORE: _____/50

3 Minute Drill (50 Questions) - SHEET 2

Name: _____

Date: _____

1) 11 x 9	2) 11 x 6	3) 11 x 3	4) 11 x 6	5) 11 x 8
6) 11 x 7	7) 11 x 8	8) 11 x 9	9) 11 x 9	10) 11 x 4
11) 11 x 3	12) 11 x 5	13) 11 x 1	14) 11 x 8	15) 11 x 4
16) 11 x 1	17) 11 x 5	18) 11 x 6	19) 11 x 2	20) 11 x 4
21) 11 x 7	22) 11 x 6	23) 11 x 9	24) 11 x 8	25) 11 x 4
26) 11 x 3	27) 11 x 5	28) 11 x 2	29) 11 x 2	30) 11 x 9
31) 11 x 7	32) 11 x 3	33) 11 x 2	34) 11 x 8	35) 11 x 7
36) 11 x 3	37) 11 x 8	38) 11 x 8	39) 11 x 5	40) 11 x 5
41) 11 x 5	42) 11 x 9	43) 11 x 3	44) 11 x 7	45) 11 x 6
46) 11 x 2	47) 11 x 3	48) 11 x 8	49) 11 x 7	50) 11 x 8

www.kidsmathzone.com

x 11   MULTIPLYING X 11   SCORE: _____/50

3 Minute Drill (50 Questions) - SHEET 3

Name: _____

Date: _____

1) 11 x 5	2) 11 x 2	3) 11 x 2	4) 11 x 8	5) 11 x 7
6) 11 x 1	7) 11 x 5	8) 11 x 4	9) 11 x 9	10) 11 x 6
11) 11 x 6	12) 11 x 5	13) 11 x 9	14) 11 x 7	15) 11 x 3
16) 11 x 8	17) 11 x 9	18) 11 x 8	19) 11 x 9	20) 11 x 6
21) 11 x 7	22) 11 x 9	23) 11 x 9	24) 11 x 9	25) 11 x 6
26) 11 x 9	27) 11 x 1	28) 11 x 4	29) 11 x 7	30) 11 x 7
31) 11 x 2	32) 11 x 6	33) 11 x 4	34) 11 x 9	35) 11 x 6
36) 11 x 5	37) 11 x 2	38) 11 x 8	39) 11 x 8	40) 11 x 9
41) 11 x 3	42) 11 x 6	43) 11 x 7	44) 11 x 8	45) 11 x 5
46) 11 x 2	47) 11 x 9	48) 11 x 1	49) 11 x 3	50) 11 x 4

www.kidsmathzone.com

X 11

MULTIPLYING X 11

SCORE: ____/50

3 Minute Drill (50 Questions) - SHEET 4

Name: _____

Date: _____

1) 11 × 1	2) 11 × 1	3) 11 × 2	4) 11 × 9	5) 11 × 4
6) 11 × 1	7) 11 × 7	8) 11 × 5	9) 11 × 9	10) 11 × 9
11) 11 × 2	12) 11 × 9	13) 11 × 4	14) 11 × 4	15) 11 × 9
16) 11 × 3	17) 11 × 5	18) 11 × 1	19) 11 × 4	20) 11 × 3
21) 11 × 6	22) 11 × 4	23) 11 × 7	24) 11 × 7	25) 11 × 3
26) 11 × 7	27) 11 × 6	28) 11 × 7	29) 11 × 1	30) 11 × 8
31) 11 × 3	32) 11 × 2	33) 11 × 7	34) 11 × 4	35) 11 × 2
36) 11 × 8	37) 11 × 4	38) 11 × 7	39) 11 × 3	40) 11 × 7
41) 11 × 1	42) 11 × 8	43) 11 × 2	44) 11 × 4	45) 11 × 4
46) 11 × 9	47) 11 × 3	48) 11 × 5	49) 11 × 6	50) 11 × 9

www.kidsmathzone.com

X 11

MULTIPLYING X 11
3 Minute Drill (50 Questions) - SHEET 5

SCORE: ____/50

Name: _____

Date: _____

1) 11 × 3	2) 11 × 8	3) 11 × 9	4) 11 × 9	5) 11 × 3
6) 11 × 4	7) 11 × 9	8) 11 × 6	9) 11 × 8	10) 11 × 8
11) 11 × 3	12) 11 × 3	13) 11 × 8	14) 11 × 6	15) 11 × 7
16) 11 × 4	17) 11 × 2	18) 11 × 8	19) 11 × 2	20) 11 × 2
21) 11 × 7	22) 11 × 9	23) 11 × 5	24) 11 × 6	25) 11 × 5
26) 11 × 7	27) 11 × 4	28) 11 × 3	29) 11 × 3	30) 11 × 8
31) 11 × 6	32) 11 × 6	33) 11 × 1	34) 11 × 8	35) 11 × 4
36) 11 × 2	37) 11 × 4	38) 11 × 4	39) 11 × 7	40) 11 × 1
41) 11 × 9	42) 11 × 6	43) 11 × 3	44) 11 × 4	45) 11 × 1
46) 11 × 6	47) 11 × 7	48) 11 × 2	49) 11 × 5	50) 11 × 4

www.kidsmathzone.com

X 12

MULTIPICATION X 12

SCORE: ____/50

3 Minute Drill (50 Questions) - SHEET 1

Name: _____

Date: _____

1) 12 x 8	2) 12 x 7	3) 12 x 7	4) 12 x 9	5) 12 x 3
6) 12 x 3	7) 12 x 1	8) 12 x 5	9) 12 x 1	10) 12 x 3
11) 12 x 1	12) 12 x 9	13) 12 x 3	14) 12 x 8	15) 12 x 7
16) 12 x 9	17) 12 x 9	18) 12 x 2	19) 12 x 6	20) 12 x 7
21) 12 x 2	22) 12 x 5	23) 12 x 9	24) 12 x 1	25) 12 x 3
26) 12 x 3	27) 12 x 8	28) 12 x 6	29) 12 x 2	30) 12 x 4
31) 12 x 3	32) 12 x 1	33) 12 x 1	34) 12 x 8	35) 12 x 1
36) 12 x 9	37) 12 x 8	38) 12 x 2	39) 12 x 5	40) 12 x 1
41) 12 x 4	42) 12 x 8	43) 12 x 7	44) 12 x 4	45) 12 x 2
46) 12 x 5	47) 12 x 7	48) 12 x 9	49) 12 x 1	50) 12 x 8

www.kidsmathzone.com

X 12

 **MULTIPICATION X 12** SCORE: ____/50

3 Minute Drill (50 Questions) - SHEET 2

Name: _____

Date: _____

1) 12 × 2	2) 12 × 4	3) 12 × 2	4) 12 × 8	5) 12 × 8
6) 12 × 7	7) 12 × 1	8) 12 × 1	9) 12 × 2	10) 12 × 9
11) 12 × 6	12) 12 × 2	13) 12 × 4	14) 12 × 6	15) 12 × 8
16) 12 × 6	17) 12 × 6	18) 12 × 3	19) 12 × 7	20) 12 × 3
21) 12 × 2	22) 12 × 8	23) 12 × 8	24) 12 × 4	25) 12 × 1
26) 12 × 5	27) 12 × 9	28) 12 × 7	29) 12 × 3	30) 12 × 3
31) 12 × 8	32) 12 × 3	33) 12 × 9	34) 12 × 5	35) 12 × 6
36) 12 × 8	37) 12 × 2	38) 12 × 3	39) 12 × 6	40) 12 × 9
41) 12 × 7	42) 12 × 2	43) 12 × 4	44) 12 × 3	45) 12 × 4
46) 12 × 6	47) 12 × 9	48) 12 × 1	49) 12 × 8	50) 12 × 9

www.kidsmathzone.com

X 12

 **MULTIPICATION X 12** SCORE: ____/50

3 Minute Drill (50 Questions) - SHEET 3

Name: _____

Date: _____

1) 12 × 2	2) 12 × 1	3) 12 × 7	4) 12 × 7	5) 12 × 4
6) 12 × 7	7) 12 × 8	8) 12 × 7	9) 12 × 8	10) 12 × 4
11) 12 × 5	12) 12 × 5	13) 12 × 8	14) 12 × 6	15) 12 × 6
16) 12 × 5	17) 12 × 7	18) 12 × 3	19) 12 × 9	20) 12 × 1
21) 12 × 8	22) 12 × 5	23) 12 × 1	24) 12 × 2	25) 12 × 2
26) 12 × 6	27) 12 × 3	28) 12 × 1	29) 12 × 6	30) 12 × 1
31) 12 × 9	32) 12 × 3	33) 12 × 5	34) 12 × 9	35) 12 × 9
36) 12 × 7	37) 12 × 5	38) 12 × 7	39) 12 × 9	40) 12 × 6
41) 12 × 1	42) 12 × 4	43) 12 × 1	44) 12 × 2	45) 12 × 7
46) 12 × 8	47) 12 × 2	48) 12 × 7	49) 12 × 6	50) 12 × 3

www.kidsmathzone.com

X 12

MULTIPICATION X 12 SCORE: _____/50

3 Minute Drill (50 Questions) - SHEET 4

Name: _____

Date: _____

1) 12 × 2	2) 12 × 1	3) 12 × 7	4) 12 × 1	5) 12 × 3
6) 12 × 5	7) 12 × 4	8) 12 × 1	9) 12 × 5	10) 12 × 9
11) 12 × 4	12) 12 × 5	13) 12 × 8	14) 12 × 4	15) 12 × 9
16) 12 × 8	17) 12 × 7	18) 12 × 3	19) 12 × 6	20) 12 × 6
21) 12 × 3	22) 12 × 3	23) 12 × 4	24) 12 × 8	25) 12 × 5
26) 12 × 2	27) 12 × 9	28) 12 × 3	29) 12 × 3	30) 12 × 8
31) 12 × 4	32) 12 × 1	33) 12 × 1	34) 12 × 6	35) 12 × 2
36) 12 × 7	37) 12 × 6	38) 12 × 1	39) 12 × 3	40) 12 × 5
41) 12 × 4	42) 12 × 9	43) 12 × 4	44) 12 × 9	45) 12 × 5
46) 12 × 2	47) 12 × 7	48) 12 × 3	49) 12 × 1	50) 12 × 4

www.kidsmathzone.com

X12 MULTIPICATION X 12   SCORE: ____/50

3 Minute Drill (50 Questions) - SHEET 5

Name: _____

Date: _____

1) 12 × 4	2) 12 × 9	3) 12 × 5	4) 12 × 7	5) 12 × 7
6) 12 × 7	7) 12 × 1	8) 12 × 7	9) 12 × 1	10) 12 × 1
11) 12 × 7	12) 12 × 6	13) 12 × 6	14) 12 × 2	15) 12 × 8
16) 12 × 1	17) 12 × 7	18) 12 × 4	19) 12 × 2	20) 12 × 3
21) 12 × 2	22) 12 × 4	23) 12 × 2	24) 12 × 7	25) 12 × 4
26) 12 × 8	27) 12 × 4	28) 12 × 5	29) 12 × 7	30) 12 × 5
31) 12 × 5	32) 12 × 6	33) 12 × 2	34) 12 × 6	35) 12 × 5
36) 12 × 5	37) 12 × 6	38) 12 × 1	39) 12 × 1	40) 12 × 3
41) 12 × 1	42) 12 × 1	43) 12 × 4	44) 12 × 1	45) 12 × 8
46) 12 × 3	47) 12 × 9	48) 12 × 7	49) 12 × 9	50) 12 × 9

www.kidsmathzone.com

MIXED NUMBERS MULTIPLICATION DIGITS 1-12

MULTIPLICATION 1 MIN DRILL

1 Minute Drill (20 Questions) - Mixed Numbers - SHEET 1

Name:_____

Date:_____

SCORE: ____/20

1) 5 × 6
2) 5 × 4
3) 8 × 7
4) 9 × 6
5) 7 × 2

6) 4 × 8
7) 3 × 4
8) 8 × 6
9) 7 × 9
10) 9 × 8

11) 1 × 1
12) 7 × 3
13) 4 × 7
14) 1 × 5
15) 9 × 1

16) 7 × 9
17) 3 × 9
18) 1 × 1
19) 7 × 3
20) 9 × 2

21) 9 × 9
22) 2 × 9
23) 8 × 8
24) 6 × 5
25) 6 × 7

www.kidsmathzone.com

62

MULTIPLICATION 1 MIN DRILL

1 Minute Drill (20 Questions) - Mixed Numbers - SHEET 2

Name: _____

Date: _____

SCORE: _____/20

1) 1 x 1	2) 3 x 7	3) 8 x 9	4) 4 x 5	5) 5 x 3
6) 1 x 3	7) 9 x 4	8) 1 x 9	9) 8 x 2	10) 6 x 7
11) 5 x 2	12) 6 x 2	13) 4 x 9	14) 3 x 8	15) 5 x 7
16) 4 x 8	17) 9 x 9	18) 8 x 7	19) 3 x 4	20) 7 x 2
21) 8 x 9	22) 6 x 2	23) 6 x 5	24) 9 x 7	25) 4 x 8

www.kidsmathzone.com

MULTIPLICATION 1 MIN DRILL

1 Minute Drill (20 Questions) - Mixed Numbers - SHEET 3

Name:_____

Date:_____

SCORE: _____/20

1) 9 × 7
2) 4 × 3
3) 1 × 5
4) 6 × 9
5) 5 × 4

6) 2 × 3
7) 3 × 3
8) 2 × 3
9) 7 × 2
10) 2 × 4

11) 4 × 1
12) 9 × 1
13) 7 × 1
14) 8 × 1
15) 6 × 6

16) 8 × 7
17) 6 × 9
18) 8 × 8
19) 6 × 6
20) 2 × 5

21) 1 × 7
22) 6 × 2
23) 4 × 8
24) 5 × 9
25) 5 × 2

www.kidsmathzone.com

MULTIPLICATION 1 MIN DRILL

1 Minute Drill (20 Questions) - Mixed Numbers - SHEET 4

Name: _____

Date: _____

SCORE: _____/20

1) 6 × 5
2) 9 × 1
3) 6 × 4
4) 4 × 5
5) 6 × 9

6) 8 × 2
7) 1 × 5
8) 9 × 5
9) 1 × 8
10) 3 × 1

11) 4 × 4
12) 8 × 6
13) 8 × 1
14) 7 × 6
15) 4 × 4

16) 9 × 1
17) 2 × 7
18) 5 × 4
19) 2 × 6
20) 6 × 7

21) 6 × 8
22) 1 × 5
23) 7 × 1
24) 5 × 2
25) 4 × 7

www.kidsmathzone.com

MULTIPLICATION 1 MIN DRILL

1 Minute Drill (20 Questions) - Mixed Numbers - SHEET 5

Name: _____

Date: _____

SCORE: ____/20

1) 6 × 7
2) 6 × 3
3) 3 × 1
4) 3 × 4
5) 7 × 7

6) 9 × 2
7) 3 × 3
8) 4 × 2
9) 6 × 1
10) 4 × 7

11) 5 × 6
12) 3 × 5
13) 9 × 7
14) 8 × 7
15) 3 × 8

16) 5 × 8
17) 3 × 1
18) 7 × 9
19) 8 × 9
20) 8 × 3

21) 9 × 8
22) 2 × 2
23) 1 × 5
24) 7 × 1
25) 6 × 2

www.kidsmathzone.com

MULTIPLICATION 1 MIN DRILL

1 Minute Drill (20 Questions) - Mixed Numbers - SHEET 6

Name: _____
Date: _____

SCORE: ____/20

1) 4 × 6
2) 7 × 2
3) 8 × 9
4) 1 × 5
5) 7 × 4

6) 4 × 9
7) 3 × 5
8) 6 × 5
9) 7 × 2
10) 1 × 3

11) 7 × 7
12) 4 × 3
13) 4 × 8
14) 5 × 7
15) 8 × 7

16) 4 × 5
17) 3 × 8
18) 9 × 4
19) 9 × 1
20) 5 × 1

21) 5 × 7
22) 9 × 1
23) 4 × 4
24) 8 × 4
25) 9 × 1

www.kidsmathzone.com

MULTIPLICATION 1 MIN DRILL

1 Minute Drill (20 Questions) - Mixed Numbers - SHEET 7

Name:_____

Date:_____

SCORE: ____/20

1) 1 × 6
2) 5 × 8
3) 4 × 5
4) 2 × 4
5) 1 × 9

6) 5 × 3
7) 9 × 9
8) 6 × 3
9) 5 × 8
10) 7 × 6

11) 8 × 3
12) 3 × 7
13) 4 × 1
14) 3 × 1
15) 5 × 6

16) 6 × 2
17) 2 × 5
18) 9 × 2
19) 5 × 1
20) 2 × 2

21) 7 × 8
22) 6 × 6
23) 8 × 5
24) 9 × 5
25) 8 × 9

www.kidsmathzone.com

MULTIPLICATION 1 MIN DRILL

1 Minute Drill (20 Questions) - Mixed Numbers - SHEET 8

Name: _____
Date: _____

SCORE: ____/20

1) 5 × 4	2) 5 × 6	3) 8 × 6	4) 2 × 8	5) 2 × 7
6) 2 × 3	7) 4 × 3	8) 5 × 3	9) 5 × 2	10) 4 × 5
11) 5 × 4	12) 6 × 4	13) 4 × 2	14) 6 × 3	15) 4 × 9
16) 2 × 7	17) 9 × 4	18) 7 × 1	19) 9 × 8	20) 1 × 5
21) 2 × 1	22) 1 × 4	23) 3 × 2	24) 9 × 5	25) 7 × 5

www.kidsmathzone.com

MULTIPLICATION 1 MIN DRILL

1 Minute Drill (20 Questions) - Mixed Numbers - SHEET 9

Name: _____

Date: _____

SCORE: ____/20

1) 3 x 3	2) 5 x 6	3) 3 x 7	4) 5 x 1	5) 9 x 8
6) 5 x 9	7) 1 x 7	8) 4 x 4	9) 3 x 3	10) 2 x 1
11) 5 x 5	12) 8 x 6	13) 4 x 6	14) 4 x 4	15) 3 x 8
16) 5 x 6	17) 9 x 6	18) 5 x 5	19) 5 x 2	20) 3 x 5
21) 6 x 9	22) 8 x 5	23) 6 x 7	24) 7 x 9	25) 9 x 2

www.kidsmathzone.com

MULTIPLICATION 1 MIN DRILL

1 Minute Drill (20 Questions) - Mixed Numbers - SHEET 1

Name: _____

SCORE: ____/20

Date: _____

1) **5 x 8** = _____   2) **9 x 11** = _____

3) **10 x 5** = _____   4) **2 x 7** = _____

5) **5 x 2** = _____   6) **10 x 11** = _____

7) **12 x 10** = _____   8) **2 x 9** = _____

9) **4 x 5** = _____   10) **3 x 4** = _____

11) **4 x 9** = _____   12) **8 x 11** = _____

14) **4 x 6** = _____   14) **10 x 8** = _____

15) **7 x 2** = _____   16) **11 x 7** = _____

17) **6 x 10** = _____   18) **8 x 4** = _____

19) **7 x 2** = _____   20) **2 x 4** = _____

www.kidsmathzone.com

MULTIPLICATION 1 MIN DRILL

1 Minute Drill (20 Questions) - Mixed Numbers - SHEET 2

Name: _____

SCORE: ____/20

Date: _____

1) **3 x 6 =** _____
2) **7 x 2 =** _____
3) **8 x 4 =** _____
4) **5 x 5 =** _____
5) **6 x 12 =** _____
6) **10 x 5 =** _____
7) **7 x 10 =** _____
8) **9 x 2 =** _____
9) **3 x 7 =** _____
10) **10 x 12 =** _____
11) **2 x 2 =** _____
12) **3 x 8 =** _____
14) **3 x 9 =** _____
14) **9 x 11 =** _____
15) **8 x 11 =** _____
16) **8 x 2 =** _____
17) **2 x 8 =** _____
18) **5 x 3 =** _____
19) **10 x 10 =** _____
20) **10 x 5 =** _____

www.kidsmathzone.com

MULTIPLICATION 1 MIN DRILL

1 Minute Drill (20 Questions) - Mixed Numbers - SHEET 3

Name: _____

SCORE: ____/20

Date: _____

1) **2** x **10** = _____ 2) **11** x **5** = _____

3) **10** x **3** = _____ 4) **9** x **6** = _____

5) **9** x **5** = _____ 6) **4** x **11** = _____

7) **9** x **11** = _____ 8) **2** x **3** = _____

9) **11** x **3** = _____ 10) **11** x **4** = _____

11) **8** x **9** = _____ 12) **11** x **6** = _____

14) **2** x **12** = _____ 14) **9** x **8** = _____

15) **4** x **5** = _____ 16) **6** x **8** = _____

17) **5** x **8** = _____ 18) **9** x **11** = _____

19) **2** x **6** = _____ 20) **12** x **12** = _____

www.kidsmathzone.com

MULTIPLICATION 1 MIN DRILL

1 Minute Drill (20 Questions) - Mixed Numbers - SHEET 4

Name: _____

SCORE: ____/20

Date: _____

1) **7 x 7 =** _____   2) **9 x 4 =** _____

3) **8 x 6 =** _____   4) **6 x 10 =** _____

5) **3 x 5 =** _____   6) **6 x 11 =** _____

7) **6 x 11 =** _____   8) **5 x 2 =** _____

9) **2 x 3 =** _____   10) **8 x 5 =** _____

11) **7 x 6 =** _____   12) **12 x 4 =** _____

14) **10 x 9 =** _____   14) **5 x 12 =** _____

15) **4 x 7 =** _____   16) **10 x 7 =** _____

17) **12 x 2 =** _____   18) **8 x 9 =** _____

19) **11 x 3 =** _____   20) **12 x 7 =** _____

www.kidsmathzone.com

MULTIPLICATION 1 MIN DRILL

1 Minute Drill (20 Questions) - Mixed Numbers - SHEET 5

Name: _____

SCORE: _____/20

Date: _____

1) **11 x 8 =** _____   2) **5 x 2 =** _____

3) **12 x 6 =** _____   4) **6 x 9 =** _____

5) **11 x 3 =** _____   6) **3 x 9 =** _____

7) **4 x 8 =** _____   8) **6 x 10 =** _____

9) **12 x 4 =** _____   10) **7 x 7 =** _____

11) **5 x 10 =** _____   12) **11 x 8 =** _____

14) **9 x 6 =** _____   14) **10 x 11 =** _____

15) **10 x 12 =** _____   16) **5 x 6 =** _____

17) **5 x 11 =** _____   18) **12 x 6 =** _____

19) **3 x 11 =** _____   20) **3 x 8 =** _____

www.kidsmathzone.com

MULTIPLICATION 1 MIN DRILL

1 Minute Drill (20 Questions) - Mixed Numbers - SHEET 6

Name: _____

SCORE: ____/20

Date: _____

1) **11 x 5** = _____   2) **8 x 5** = _____

3) **5 x 3** = _____   4) **12 x 2** = _____

5) **6 x 9** = _____   6) **2 x 6** = _____

7) **11 x 3** = _____   8) **12 x 6** = _____

9) **12 x 7** = _____   10) **10 x 3** = _____

11) **10 x 12** = _____   12) **10 x 11** = _____

14) **9 x 7** = _____   14) **5 x 9** = _____

15) **8 x 4** = _____   16) **4 x 9** = _____

17) **2 x 7** = _____   18) **7 x 10** = _____

19) **6 x 10** = _____   20) **3 x 9** = _____

www.kidsmathzone.com

MULTIPLICATION 1 MIN DRILL

1 Minute Drill (20 Questions) - Mixed Numbers - SHEET 7

Name: _____

SCORE: ____/20

Date: _____

1) 6 x 12 = _____   2) 12 x 8 = _____

3) 2 x 12 = _____   4) 5 x 11 = _____

5) 5 x 9 = _____   6) 9 x 6 = _____

7) 12 x 3 = _____   8) 4 x 10 = _____

9) 4 x 4 = _____   10) 11 x 2 = _____

11) 6 x 8 = _____   12) 9 x 3 = _____

14) 6 x 12 = _____   14) 12 x 6 = _____

15) 2 x 11 = _____   16) 2 x 12 = _____

17) 4 x 3 = _____   18) 6 x 9 = _____

19) 4 x 7 = _____   20) 10 x 12 = _____

www.kidsmathzone.com

MULTIPLICATION 1 MIN DRILL

1 Minute Drill (20 Questions) - Mixed Numbers - SHEET 8

Name: _____

SCORE: ____/20

Date: _____

1) **2 x 10 =** _____
2) **7 x 2 =** _____
3) **8 x 3 =** _____
4) **2 x 3 =** _____
5) **8 x 9 =** _____
6) **7 x 5 =** _____
7) **9 x 3 =** _____
8) **9 x 7 =** _____
9) **2 x 7 =** _____
10) **7 x 11 =** _____
11) **8 x 7 =** _____
12) **6 x 12 =** _____
14) **5 x 9 =** _____
14) **8 x 11 =** _____
15) **8 x 11 =** _____
16) **6 x 6 =** _____
17) **3 x 10 =** _____
18) **11 x 9 =** _____
19) **5 x 12 =** _____
20) **2 x 3 =** _____

www.kidsmathzone.com

MULTIPLICATION 1 MIN DRILL

1 Minute Drill (20 Questions) - Mixed Numbers - SHEET 9

Name: _____

SCORE: ____/20

Date: _____

1) **2 x 4** = _____   2) **8 x 10** = _____

3) **10 x 7** = _____   4) **10 x 8** = _____

5) **4 x 2** = _____   6) **6 x 8** = _____

7) **3 x 2** = _____   8) **3 x 3** = _____

9) **7 x 11** = _____   10) **8 x 10** = _____

11) **7 x 10** = _____   12) **12 x 8** = _____

14) **5 x 11** = _____   14) **6 x 12** = _____

15) **8 x 8** = _____   16) **6 x 2** = _____

17) **4 x 8** = _____   18) **11 x 7** = _____

19) **9 x 8** = _____   20) **6 x 11** = _____

www.kidsmathzone.com

MULTIPLICATION 3 MIN DRILL

3 Minute Drill (50 Questions) - Mixed Numbers - SHEET 1

Name: _____

Date: _____

SCORE: ____/50

1) 4 × 6	2) 7 × 2	3) 6 × 2	4) 3 × 8	5) 8 × 1
6) 7 × 5	7) 3 × 9	8) 6 × 7	9) 10 × 2	10) 6 × 2
11) 8 × 5	12) 5 × 4	13) 11 × 5	14) 7 × 5	15) 5 × 8
16) 8 × 3	17) 1 × 5	18) 12 × 3	19) 1 × 3	20) 10 × 6
21) 12 × 9	22) 11 × 3	23) 8 × 3	24) 3 × 6	25) 7 × 3
26) 7 × 4	27) 4 × 7	28) 7 × 6	29) 4 × 8	30) 8 × 2
31) 12 × 4	32) 11 × 5	33) 6 × 3	34) 12 × 5	35) 11 × 5
36) 12 × 7	37) 3 × 7	38) 1 × 7	39) 7 × 3	40) 12 × 2
41) 11 × 6	42) 3 × 2	43) 10 × 7	44) 4 × 9	45) 8 × 7
46) 3 × 6	47) 8 × 8	48) 4 × 7	49) 9 × 7	50) 2 × 6

www.kidsmathzone.com

MULTIPLICATION 3 MIN DRILL

3 Minute Drill (50 Questions) - Mixed Numbers - SHEET 2

Name: _____

Date: _____

SCORE: ____/50

1) 6 × 5
2) 2 × 6
3) 8 × 8
4) 9 × 9
5) 7 × 1

6) 11 × 1
7) 10 × 5
8) 9 × 3
9) 1 × 9
10) 11 × 3

11) 5 × 7
12) 10 × 8
13) 2 × 7
14) 10 × 1
15) 5 × 4

16) 9 × 8
17) 10 × 4
18) 8 × 7
19) 7 × 7
20) 4 × 9

21) 10 × 5
22) 6 × 5
23) 2 × 7
24) 11 × 1
25) 3 × 1

26) 5 × 1
27) 8 × 5
28) 10 × 2
29) 9 × 1
30) 4 × 1

31) 11 × 2
32) 6 × 7
33) 11 × 7
34) 4 × 4
35) 6 × 1

36) 11 × 7
37) 10 × 8
38) 7 × 7
39) 9 × 7
40) 4 × 3

41) 10 × 6
42) 7 × 7
43) 12 × 2
44) 7 × 8
45) 1 × 9

46) 2 × 3
47) 5 × 7
48) 2 × 1
49) 11 × 5
50) 3 × 4

www.kidsmathzone.com

MULTIPLICATION 3 MIN DRILL

3 Minute Drill (50 Questions) - Mixed Numbers - SHEET 3

Name: _____

Date: _____

SCORE: ____/50

1) 7 × 1	2) 11 × 6	3) 5 × 1	4) 7 × 8	5) 6 × 9
6) 1 × 8	7) 11 × 1	8) 8 × 7	9) 7 × 5	10) 5 × 6
11) 1 × 4	12) 1 × 1	13) 1 × 1	14) 8 × 5	15) 11 × 3
16) 1 × 1	17) 3 × 5	18) 4 × 1	19) 1 × 5	20) 11 × 7
21) 8 × 5	22) 4 × 3	23) 9 × 1	24) 4 × 4	25) 11 × 2
26) 2 × 8	27) 7 × 3	28) 7 × 3	29) 6 × 4	30) 12 × 4
31) 4 × 7	32) 6 × 4	33) 10 × 8	34) 3 × 2	35) 9 × 9
36) 8 × 5	37) 9 × 5	38) 6 × 7	39) 4 × 8	40) 10 × 3
41) 1 × 9	42) 3 × 5	43) 11 × 9	44) 7 × 2	45) 12 × 7
46) 12 × 3	47) 12 × 6	48) 4 × 7	49) 2 × 4	50) 2 × 9

www.kidsmathzone.com

MULTIPLICATION 3 MIN DRILL

3 Minute Drill (50 Questions) - Mixed Numbers - SHEET 4

Name: _____

Date: _____

SCORE: ____/50

1) 7 × 1
2) 3 × 2
3) 2 × 7
4) 3 × 8
5) 9 × 4

6) 1 × 2
7) 7 × 1
8) 10 × 8
9) 6 × 3
10) 3 × 3

11) 1 × 9
12) 4 × 6
13) 12 × 1
14) 3 × 6
15) 6 × 9

16) 4 × 1
17) 6 × 9
18) 5 × 8
19) 5 × 8
20) 12 × 7

21) 12 × 7
22) 3 × 1
23) 8 × 7
24) 6 × 2
25) 7 × 7

26) 5 × 7
27) 8 × 6
28) 9 × 5
29) 6 × 8
30) 7 × 4

31) 11 × 4
32) 9 × 9
33) 4 × 6
34) 8 × 2
35) 9 × 8

36) 11 × 6
37) 1 × 3
38) 8 × 8
39) 12 × 4
40) 2 × 4

41) 12 × 6
42) 10 × 5
43) 2 × 3
44) 2 × 2
45) 3 × 3

46) 4 × 1
47) 4 × 2
48) 1 × 3
49) 6 × 5
50) 8 × 7

www.kidsmathzone.com

MULTIPLICATION 3 MIN DRILL

3 Minute Drill (50 Questions) - Mixed Numbers - SHEET 5

Name: _____

Date: _____

SCORE: ____/50

1) 3 × 4	2) 12 × 6	3) 7 × 1	4) 8 × 6	5) 7 × 8
6) 4 × 1	7) 9 × 3	8) 12 × 8	9) 8 × 6	10) 11 × 4
11) 2 × 2	12) 8 × 4	13) 11 × 4	14) 1 × 4	15) 11 × 2
16) 11 × 6	17) 7 × 6	18) 7 × 9	19) 4 × 9	20) 3 × 3
21) 8 × 4	22) 3 × 8	23) 3 × 5	24) 6 × 6	25) 1 × 6
26) 8 × 5	27) 12 × 1	28) 12 × 6	29) 4 × 6	30) 5 × 4
31) 12 × 9	32) 7 × 4	33) 4 × 8	34) 1 × 4	35) 1 × 1
36) 5 × 4	37) 3 × 4	38) 9 × 3	39) 1 × 2	40) 8 × 2
41) 12 × 1	42) 5 × 4	43) 5 × 5	44) 10 × 1	45) 1 × 9
46) 9 × 1	47) 6 × 9	48) 2 × 7	49) 5 × 7	50) 3 × 5

www.kidsmathzone.com

MULTIPLICATION 3 MIN DRILL

3 Minute Drill (50 Questions) - Mixed Numbers - SHEET 6

Name: _____

Date: _____

SCORE: ____/50

1) 10 × 8	2) 9 × 6	3) 1 × 4	4) 10 × 8	5) 8 × 8
6) 5 × 6	7) 12 × 9	8) 4 × 3	9) 5 × 2	10) 1 × 3
11) 10 × 2	12) 2 × 9	13) 2 × 9	14) 10 × 1	15) 1 × 4
16) 4 × 2	17) 8 × 9	18) 8 × 8	19) 12 × 5	20) 6 × 6
21) 7 × 3	22) 8 × 7	23) 9 × 2	24) 3 × 7	25) 6 × 4
26) 10 × 9	27) 12 × 2	28) 8 × 8	29) 6 × 1	30) 3 × 3
31) 8 × 9	32) 10 × 2	33) 8 × 4	34) 5 × 5	35) 12 × 3
36) 4 × 2	37) 9 × 9	38) 11 × 4	39) 6 × 4	40) 4 × 5
41) 1 × 1	42) 1 × 2	43) 8 × 3	44) 9 × 9	45) 3 × 4
46) 11 × 8	47) 1 × 1	48) 8 × 2	49) 4 × 7	50) 4 × 9

www.kidsmathzone.com

MULTIPLICATION 3 MIN DRILL

3 Minute Drill (50 Questions) - Mixed Numbers - SHEET 7

Name: _____

Date: _____

SCORE: ____ /50

1) 5 × 5
2) 2 × 8
3) 3 × 1
4) 1 × 2
5) 10 × 9

6) 7 × 4
7) 8 × 7
8) 8 × 3
9) 8 × 4
10) 5 × 4

11) 7 × 8
12) 9 × 2
13) 10 × 1
14) 5 × 1
15) 11 × 2

16) 5 × 3
17) 7 × 2
18) 12 × 9
19) 1 × 5
20) 9 × 2

21) 11 × 2
22) 4 × 3
23) 11 × 1
24) 1 × 8
25) 10 × 8

26) 2 × 7
27) 10 × 2
28) 4 × 5
29) 10 × 7
30) 6 × 8

31) 2 × 3
32) 8 × 5
33) 10 × 9
34) 7 × 9
35) 9 × 3

36) 11 × 9
37) 2 × 6
38) 3 × 6
39) 6 × 6
40) 8 × 6

41) 10 × 5
42) 2 × 7
43) 12 × 9
44) 6 × 2
45) 5 × 1

46) 8 × 6
47) 4 × 1
48) 2 × 1
49) 12 × 8
50) 6 × 8

www.kidsmathzone.com

MULTIPLICATION 3 MIN DRILL

3 Minute Drill (50 Questions) - Mixed Numbers - SHEET 8

Name: _____

Date: _____

SCORE: ____/50

1) 5 x 6
2) 2 x 9
3) 3 x 4
4) 4 x 5
5) 10 x 3

6) 10 x 8
7) 2 x 9
8) 10 x 5
9) 4 x 5
10) 7 x 9

11) 12 x 5
12) 5 x 3
13) 3 x 4
14) 9 x 5
15) 4 x 4

16) 12 x 3
17) 10 x 7
18) 8 x 6
19) 11 x 7
20) 10 x 3

21) 4 x 6
22) 11 x 9
23) 1 x 3
24) 3 x 8
25) 8 x 4

26) 10 x 4
27) 4 x 7
28) 8 x 6
29) 3 x 9
30) 3 x 7

31) 6 x 3
32) 12 x 2
33) 2 x 6
34) 10 x 1
35) 12 x 7

36) 10 x 2
37) 10 x 8
38) 7 x 6
39) 11 x 1
40) 3 x 1

41) 6 x 2
42) 1 x 8
43) 4 x 1
44) 8 x 8
45) 6 x 3

46) 8 x 7
47) 1 x 1
48) 3 x 5
49) 12 x 6
50) 1 x 3

www.kidsmathzone.com

MULTIPLICATION 3 MIN DRILL

3 Minute Drill (50 Questions) - Mixed Numbers - SHEET 9

Name: _____

Date: _____

SCORE: ____/50

1) 7 × 1	2) 2 × 8	3) 12 × 8	4) 5 × 9	5) 11 × 7
6) 8 × 4	7) 4 × 1	8) 11 × 6	9) 5 × 6	10) 6 × 3
11) 3 × 5	12) 12 × 8	13) 7 × 1	14) 3 × 1	15) 9 × 3
16) 12 × 1	17) 8 × 6	18) 3 × 7	19) 1 × 5	20) 5 × 3
21) 10 × 5	22) 2 × 6	23) 2 × 1	24) 9 × 1	25) 8 × 6
26) 9 × 5	27) 9 × 6	28) 2 × 9	29) 2 × 7	30) 2 × 6
31) 1 × 9	32) 10 × 9	33) 10 × 5	34) 10 × 2	35) 3 × 6
36) 1 × 1	37) 3 × 7	38) 7 × 1	39) 7 × 9	40) 12 × 1
41) 5 × 7	42) 9 × 4	43) 11 × 3	44) 11 × 8	45) 8 × 8
46) 12 × 9	47) 11 × 8	48) 12 × 6	49) 1 × 7	50) 1 × 6

www.kidsmathzone.com

MULTIPLICATION 3 MIN DRILL

3 Minute Drill (50 Questions) - Mixed Numbers - SHEET 1

Name: _____

Date: _____

SCORE: ____/50

8 x 4 = _____
11 x 2 = _____
3 x 2 = _____
4 x 6 = _____
5 x 3 = _____
7 x 12 = _____
12 x 3 = _____
8 x 4 = _____
11 x 5 = _____
11 x 8 = _____
11 x 11 = _____
5 x 7 = _____
5 x 4 = _____
4 x 5 = _____
11 x 2 = _____
10 x 10 = _____
5 x 9 = _____
5 x 3 = _____
2 x 5 = _____
4 x 7 = _____
10 x 4 = _____
11 x 2 = _____
6 x 7 = _____
10 x 5 = _____
8 x 12 = _____

6 x 9 = _____
9 x 12 = _____
11 x 9 = _____
3 x 12 = _____
12 x 8 = _____
3 x 11 = _____
4 x 5 = _____
9 x 10 = _____
2 x 6 = _____
12 x 3 = _____
5 x 10 = _____
6 x 10 = _____
7 x 3 = _____
6 x 5 = _____
5 x 2 = _____
10 x 8 = _____
2 x 10 = _____
4 x 4 = _____
3 x 2 = _____
9 x 5 = _____
6 x 2 = _____
12 x 6 = _____
7 x 2 = _____
5 x 4 = _____
9 x 7 = _____

www.kidsmathzone.com

MULTIPLICATION 3 MIN DRILL

3 Minute Drill (50 Questions) - Mixed Numbers - SHEET 2

Name: _____

SCORE: ____/50

Date: _____

11 x 8 = _____
6 x 9 = _____
11 x 11 = _____
9 x 6 = _____
11 x 12 = _____
10 x 10 = _____
10 x 3 = _____
4 x 5 = _____
5 x 10 = _____
3 x 8 = _____
2 x 4 = _____
7 x 10 = _____
5 x 2 = _____
4 x 5 = _____
3 x 11 = _____
7 x 10 = _____
7 x 10 = _____
7 x 3 = _____
4 x 7 = _____
12 x 12 = _____
2 x 4 = _____
2 x 5 = _____
8 x 11 = _____
7 x 12 = _____
12 x 11 = _____

11 x 4 = _____
4 x 7 = _____
2 x 9 = _____
5 x 2 = _____
10 x 6 = _____
9 x 11 = _____
6 x 7 = _____
7 x 6 = _____
10 x 10 = _____
12 x 10 = _____
2 x 9 = _____
12 x 8 = _____
5 x 6 = _____
11 x 9 = _____
4 x 12 = _____
4 x 8 = _____
6 x 7 = _____
8 x 10 = _____
2 x 10 = _____
9 x 12 = _____
9 x 8 = _____
8 x 7 = _____
8 x 9 = _____
8 x 4 = _____
3 x 12 = _____

www.kidsmathzone.com

MULTIPLICATION 3 MIN DRILL

3 Minute Drill (50 Questions) - Mixed Numbers - SHEET 3

Name: _____

Date: _____

SCORE: ____/50

8 x 6 = _____
10 x 5 = _____
9 x 10 = _____
4 x 5 = _____
8 x 8 = _____
5 x 9 = _____
3 x 4 = _____
8 x 5 = _____
12 x 8 = _____
11 x 12 = _____
7 x 4 = _____
4 x 8 = _____
10 x 8 = _____
11 x 7 = _____
4 x 3 = _____
8 x 2 = _____
11 x 7 = _____
9 x 7 = _____
12 x 3 = _____
3 x 3 = _____
11 x 4 = _____
4 x 12 = _____
3 x 7 = _____
5 x 6 = _____
7 x 11 = _____

6 x 11 = _____
2 x 5 = _____
7 x 12 = _____
3 x 8 = _____
7 x 6 = _____
3 x 4 = _____
8 x 10 = _____
11 x 5 = _____
8 x 6 = _____
8 x 12 = _____
10 x 8 = _____
5 x 11 = _____
6 x 3 = _____
11 x 2 = _____
9 x 5 = _____
8 x 5 = _____
4 x 5 = _____
9 x 5 = _____
4 x 10 = _____
2 x 11 = _____
11 x 2 = _____
6 x 6 = _____
11 x 2 = _____
9 x 4 = _____
3 x 8 = _____

www.kidsmathzone.com

MULTIPLICATION 3 MIN DRILL

3 Minute Drill (50 Questions) - Mixed Numbers - SHEET 4

Name: _____

Date: _____

SCORE: _____/50

7 x 11 = _____
5 x 9 = _____
12 x 3 = _____
8 x 9 = _____
2 x 11 = _____
7 x 4 = _____
2 x 9 = _____
8 x 5 = _____
3 x 3 = _____
11 x 9 = _____
8 x 5 = _____
4 x 5 = _____
2 x 8 = _____
5 x 2 = _____
8 x 9 = _____
4 x 5 = _____
3 x 11 = _____
9 x 11 = _____
3 x 12 = _____
6 x 2 = _____
2 x 5 = _____
9 x 5 = _____
11 x 9 = _____
6 x 9 = _____
11 x 6 = _____

7 x 3 = _____
11 x 5 = _____
9 x 12 = _____
2 x 6 = _____
4 x 8 = _____
10 x 2 = _____
9 x 9 = _____
12 x 5 = _____
12 x 6 = _____
4 x 4 = _____
10 x 9 = _____
7 x 6 = _____
9 x 10 = _____
11 x 8 = _____
3 x 4 = _____
9 x 5 = _____
7 x 4 = _____
12 x 5 = _____
10 x 4 = _____
7 x 6 = _____
9 x 3 = _____
4 x 5 = _____
5 x 9 = _____
10 x 11 = _____
9 x 8 = _____

www.kidsmathzone.com

MULTIPLICATION 3 MIN DRILL

3 Minute Drill (50 Questions) - Mixed Numbers - SHEET 5

Name: _____

Date: _____

SCORE: ____/50

9 x 4 = _____
4 x 6 = _____
4 x 3 = _____
2 x 8 = _____
10 x 5 = _____
3 x 11 = _____
9 x 9 = _____
9 x 12 = _____
2 x 11 = _____
2 x 5 = _____
9 x 12 = _____
8 x 4 = _____
3 x 4 = _____
7 x 7 = _____
5 x 4 = _____
10 x 8 = _____
11 x 7 = _____
5 x 3 = _____
12 x 12 = _____
8 x 6 = _____
5 x 11 = _____
6 x 2 = _____
10 x 3 = _____
3 x 2 = _____
3 x 8 = _____

7 x 10 = _____
3 x 10 = _____
6 x 6 = _____
4 x 6 = _____
8 x 9 = _____
8 x 8 = _____
2 x 4 = _____
9 x 10 = _____
11 x 5 = _____
2 x 7 = _____
2 x 6 = _____
4 x 12 = _____
4 x 10 = _____
10 x 4 = _____
7 x 12 = _____
6 x 2 = _____
12 x 11 = _____
2 x 5 = _____
2 x 4 = _____
7 x 8 = _____
4 x 8 = _____
9 x 4 = _____
5 x 7 = _____
2 x 10 = _____
12 x 2 = _____

www.kidsmathzone.com

MULTIPLICATION 3 MIN DRILL

3 Minute Drill (50 Questions) - Mixed Numbers - SHEET 6

Name: _____

Date: _____

SCORE: ____/50

8 x 12 =	7 x 11 =
10 x 11 =	4 x 5 =
6 x 7 =	2 x 9 =
7 x 5 =	10 x 7 =
6 x 6 =	4 x 8 =
8 x 7 =	7 x 6 =
10 x 12 =	11 x 12 =
8 x 5 =	4 x 5 =
4 x 6 =	4 x 4 =
4 x 11 =	9 x 4 =
11 x 5 =	4 x 2 =
5 x 5 =	11 x 8 =
8 x 7 =	8 x 6 =
3 x 11 =	10 x 9 =
5 x 7 =	8 x 2 =
4 x 8 =	12 x 7 =
8 x 3 =	10 x 4 =
6 x 2 =	9 x 3 =
2 x 5 =	6 x 9 =
6 x 11 =	6 x 5 =
10 x 3 =	2 x 11 =
8 x 8 =	10 x 9 =
12 x 6 =	12 x 2 =
3 x 5 =	11 x 10 =
3 x 9 =	12 x 2 =

www.kidsmathzone.com

MULTIPLICATION 3 MIN DRILL

3 Minute Drill (50 Questions) - Mixed Numbers - SHEET 7

Name: _____

SCORE: ____/50

Date: _____

5 x 9 = _____
6 x 5 = _____
12 x 2 = _____
10 x 9 = _____
5 x 5 = _____
9 x 10 = _____
4 x 11 = _____
7 x 6 = _____
2 x 9 = _____
7 x 4 = _____
7 x 4 = _____
11 x 3 = _____
8 x 9 = _____
9 x 11 = _____
9 x 12 = _____
4 x 5 = _____
3 x 5 = _____
2 x 7 = _____
7 x 12 = _____
10 x 7 = _____
12 x 9 = _____
2 x 8 = _____
12 x 3 = _____
2 x 6 = _____
11 x 7 = _____

2 x 10 = _____
5 x 11 = _____
2 x 9 = _____
2 x 10 = _____
9 x 10 = _____
8 x 8 = _____
3 x 4 = _____
11 x 4 = _____
3 x 11 = _____
2 x 8 = _____
9 x 4 = _____
10 x 12 = _____
10 x 8 = _____
9 x 5 = _____
7 x 5 = _____
9 x 4 = _____
6 x 12 = _____
10 x 10 = _____
7 x 11 = _____
3 x 9 = _____
6 x 4 = _____
8 x 5 = _____
7 x 3 = _____
12 x 9 = _____
9 x 11 = _____

www.kidsmathzone.com

MULTIPLICATION 3 MIN DRILL

3 Minute Drill (50 Questions) - Mixed Numbers - SHEET 8

Name: _____

Date: _____

SCORE: ____/50

10 x 4 = _____
10 x 10 = _____
6 x 11 = _____
9 x 12 = _____
5 x 11 = _____
6 x 8 = _____
10 x 6 = _____
2 x 2 = _____
12 x 9 = _____
3 x 3 = _____
6 x 12 = _____
12 x 4 = _____
3 x 10 = _____
10 x 4 = _____
6 x 4 = _____
8 x 3 = _____
7 x 12 = _____
12 x 6 = _____
9 x 12 = _____
8 x 11 = _____
8 x 9 = _____
11 x 7 = _____
10 x 3 = _____
6 x 4 = _____
5 x 2 = _____

5 x 8 = _____
8 x 8 = _____
12 x 7 = _____
2 x 11 = _____
2 x 7 = _____
9 x 6 = _____
7 x 12 = _____
5 x 11 = _____
6 x 3 = _____
10 x 11 = _____
6 x 2 = _____
4 x 12 = _____
7 x 10 = _____
9 x 4 = _____
12 x 12 = _____
12 x 8 = _____
6 x 8 = _____
3 x 7 = _____
7 x 2 = _____
4 x 6 = _____
8 x 4 = _____
11 x 7 = _____
5 x 7 = _____
2 x 3 = _____
9 x 11 = _____

www.kidsmathzone.com

MULTIPLICATION 3 MIN DRILL

3 Minute Drill (50 Questions) - Mixed Numbers - SHEET 9

Name: _____

Date: _____

SCORE: ____/50

10 x 9 = _____
4 x 5 = _____
5 x 7 = _____
5 x 8 = _____
11 x 9 = _____
9 x 3 = _____
8 x 2 = _____
12 x 3 = _____
7 x 12 = _____
3 x 3 = _____
8 x 10 = _____
2 x 9 = _____
3 x 10 = _____
11 x 8 = _____
7 x 5 = _____
5 x 12 = _____
5 x 8 = _____
4 x 5 = _____
9 x 2 = _____
12 x 5 = _____
4 x 7 = _____
6 x 5 = _____
7 x 10 = _____
10 x 2 = _____
12 x 7 = _____

8 x 10 = _____
11 x 5 = _____
12 x 7 = _____
11 x 12 = _____
11 x 6 = _____
4 x 6 = _____
2 x 11 = _____
8 x 11 = _____
5 x 7 = _____
3 x 5 = _____
11 x 5 = _____
10 x 9 = _____
5 x 8 = _____
12 x 6 = _____
5 x 9 = _____
5 x 5 = _____
7 x 2 = _____
11 x 9 = _____
3 x 12 = _____
2 x 6 = _____
8 x 12 = _____
10 x 10 = _____
9 x 10 = _____
11 x 7 = _____
8 x 6 = _____

www.kidsmathzone.com

MULTIPLICATION 5 MIN DRILL

5 Minute Drill (100 Questions) - Mixed Numbers - SHEET 1

Name: _____

Date: _____

SCORE: ____/100

5 x 5 = ____	8 x 5 = ____	3 x 3 = ____	10 x 11 = ____
3 x 2 = ____	12 x 4 = ____	6 x 8 = ____	7 x 5 = ____
11 x 8 = ____	9 x 11 = ____	10 x 9 = ____	10 x 6 = ____
10 x 12 = ____	2 x 11 = ____	11 x 8 = ____	9 x 5 = ____
10 x 7 = ____	5 x 9 = ____	11 x 10 = ____	10 x 8 = ____
7 x 2 = ____	3 x 8 = ____	3 x 12 = ____	12 x 11 = ____
6 x 5 = ____	3 x 8 = ____	10 x 8 = ____	8 x 9 = ____
6 x 10 = ____	7 x 4 = ____	11 x 3 = ____	12 x 5 = ____
4 x 5 = ____	6 x 10 = ____	2 x 3 = ____	8 x 4 = ____
6 x 10 = ____	3 x 6 = ____	6 x 4 = ____	12 x 6 = ____
2 x 4 = ____	5 x 11 = ____	7 x 4 = ____	3 x 5 = ____
7 x 6 = ____	2 x 3 = ____	11 x 8 = ____	9 x 8 = ____
3 x 10 = ____	2 x 12 = ____	12 x 12 = ____	10 x 8 = ____
11 x 10 = ____	9 x 4 = ____	10 x 9 = ____	12 x 3 = ____
12 x 5 = ____	6 x 6 = ____	10 x 8 = ____	4 x 9 = ____
3 x 10 = ____	4 x 10 = ____	12 x 9 = ____	7 x 2 = ____
2 x 3 = ____	5 x 2 = ____	9 x 4 = ____	3 x 2 = ____
11 x 8 = ____	8 x 5 = ____	6 x 3 = ____	12 x 9 = ____
5 x 2 = ____	12 x 11 = ____	3 x 6 = ____	2 x 4 = ____
7 x 12 = ____	9 x 3 = ____	12 x 2 = ____	10 x 12 = ____
12 x 7 = ____	4 x 8 = ____	4 x 4 = ____	11 x 9 = ____
5 x 7 = ____	7 x 8 = ____	9 x 8 = ____	11 x 4 = ____
2 x 5 = ____	8 x 4 = ____	3 x 11 = ____	12 x 3 = ____
2 x 11 = ____	9 x 8 = ____	7 x 4 = ____	2 x 12 = ____
10 x 11 = ____	2 x 2 = ____	8 x 12 = ____	10 x 8 = ____

www.kidsmathzone.com

MULTIPLICATION 5 MIN DRILL

5 Minute Drill (100 Questions) - Mixed Numbers - SHEET 2

Name: _____

Date: _____

SCORE: _____/100

5 x 2 = ____	5 x 3 = ____	12 x 6 = ____	5 x 6 = ____
8 x 11 = ____	11 x 3 = ____	4 x 2 = ____	5 x 10 = ____
5 x 4 = ____	11 x 10 = ____	4 x 11 = ____	4 x 12 = ____
3 x 2 = ____	2 x 2 = ____	9 x 6 = ____	12 x 5 = ____
11 x 7 = ____	11 x 11 = ____	12 x 7 = ____	4 x 12 = ____
7 x 8 = ____	12 x 6 = ____	8 x 8 = ____	9 x 9 = ____
3 x 12 = ____	11 x 11 = ____	3 x 4 = ____	12 x 7 = ____
3 x 8 = ____	11 x 7 = ____	9 x 3 = ____	5 x 7 = ____
7 x 3 = ____	2 x 8 = ____	7 x 9 = ____	10 x 2 = ____
10 x 8 = ____	6 x 10 = ____	12 x 6 = ____	11 x 8 = ____
4 x 5 = ____	3 x 6 = ____	6 x 12 = ____	7 x 4 = ____
3 x 10 = ____	9 x 6 = ____	5 x 8 = ____	8 x 9 = ____
4 x 2 = ____	12 x 8 = ____	3 x 10 = ____	11 x 12 = ____
6 x 6 = ____	3 x 10 = ____	7 x 6 = ____	5 x 8 = ____
8 x 4 = ____	2 x 12 = ____	12 x 11 = ____	8 x 7 = ____
9 x 6 = ____	8 x 10 = ____	4 x 3 = ____	11 x 6 = ____
4 x 11 = ____	8 x 10 = ____	7 x 12 = ____	7 x 4 = ____
10 x 10 = ____	3 x 9 = ____	5 x 9 = ____	9 x 3 = ____
11 x 3 = ____	4 x 8 = ____	4 x 6 = ____	12 x 5 = ____
2 x 6 = ____	5 x 12 = ____	12 x 8 = ____	3 x 6 = ____
7 x 5 = ____	9 x 6 = ____	7 x 5 = ____	3 x 9 = ____
9 x 11 = ____	10 x 2 = ____	3 x 3 = ____	2 x 12 = ____
12 x 4 = ____	3 x 10 = ____	10 x 7 = ____	9 x 2 = ____
8 x 10 = ____	3 x 9 = ____	2 x 11 = ____	4 x 11 = ____
8 x 11 = ____	11 x 5 = ____	5 x 7 = ____	7 x 2 = ____

www.kidsmathzone.com

MULTIPLICATION 5 MIN DRILL

5 Minute Drill (100 Questions) - Mixed Numbers - SHEET 3

Name: _____

Date: _____

SCORE: ____/100

8 x 7 = ____	9 x 8 = ____	7 x 8 = ____	11 x 7 = ____
10 x 6 = ____	9 x 3 = ____	2 x 7 = ____	2 x 10 = ____
9 x 4 = ____	12 x 6 = ____	4 x 11 = ____	12 x 6 = ____
6 x 8 = ____	8 x 5 = ____	2 x 8 = ____	5 x 9 = ____
12 x 6 = ____	12 x 3 = ____	2 x 3 = ____	9 x 8 = ____
7 x 10 = ____	4 x 8 = ____	4 x 5 = ____	9 x 11 = ____
11 x 2 = ____	2 x 3 = ____	12 x 2 = ____	8 x 2 = ____
11 x 7 = ____	5 x 10 = ____	3 x 11 = ____	9 x 3 = ____
5 x 12 = ____	9 x 7 = ____	8 x 6 = ____	9 x 2 = ____
12 x 5 = ____	4 x 2 = ____	9 x 11 = ____	2 x 2 = ____
8 x 11 = ____	7 x 9 = ____	11 x 12 = ____	3 x 9 = ____
12 x 10 = ____	6 x 2 = ____	4 x 10 = ____	12 x 4 = ____
6 x 3 = ____	3 x 2 = ____	4 x 12 = ____	11 x 10 = ____
12 x 3 = ____	9 x 3 = ____	4 x 7 = ____	5 x 3 = ____
2 x 3 = ____	3 x 3 = ____	6 x 3 = ____	10 x 10 = ____
6 x 8 = ____	10 x 9 = ____	8 x 6 = ____	3 x 12 = ____
11 x 11 = ____	3 x 4 = ____	9 x 4 = ____	3 x 12 = ____
12 x 4 = ____	9 x 2 = ____	10 x 10 = ____	10 x 10 = ____
10 x 9 = ____	7 x 2 = ____	4 x 6 = ____	8 x 7 = ____
4 x 2 = ____	7 x 2 = ____	12 x 6 = ____	11 x 8 = ____
3 x 12 = ____	12 x 7 = ____	5 x 9 = ____	2 x 11 = ____
10 x 9 = ____	2 x 5 = ____	4 x 11 = ____	3 x 4 = ____
3 x 9 = ____	8 x 11 = ____	10 x 3 = ____	8 x 3 = ____
8 x 10 = ____	9 x 10 = ____	8 x 5 = ____	6 x 8 = ____
5 x 11 = ____	6 x 10 = ____	10 x 12 = ____	7 x 12 = ____

www.kidsmathzone.com

MULTIPLICATION 5 MIN DRILL

5 Minute Drill (100 Questions) - Mixed Numbers - SHEET 4

Name: _____

SCORE: ____/100

Date: _____

4 x 11 = ___	11 x 10 = ___	5 x 3 = ___	6 x 11 = ___
2 x 7 = ___	3 x 5 = ___	3 x 5 = ___	7 x 2 = ___
8 x 7 = ___	12 x 2 = ___	8 x 9 = ___	10 x 10 = ___
11 x 8 = ___	4 x 10 = ___	4 x 11 = ___	12 x 6 = ___
4 x 9 = ___	3 x 7 = ___	2 x 12 = ___	4 x 12 = ___
11 x 4 = ___	4 x 12 = ___	6 x 5 = ___	5 x 3 = ___
7 x 10 = ___	10 x 3 = ___	11 x 2 = ___	3 x 11 = ___
4 x 10 = ___	10 x 7 = ___	6 x 10 = ___	12 x 2 = ___
6 x 5 = ___	9 x 8 = ___	7 x 5 = ___	5 x 4 = ___
7 x 10 = ___	5 x 9 = ___	11 x 3 = ___	4 x 5 = ___
9 x 2 = ___	2 x 8 = ___	7 x 6 = ___	7 x 11 = ___
11 x 8 = ___	6 x 6 = ___	7 x 6 = ___	2 x 7 = ___
5 x 4 = ___	10 x 2 = ___	10 x 9 = ___	6 x 10 = ___
4 x 11 = ___	9 x 4 = ___	7 x 9 = ___	12 x 10 = ___
12 x 6 = ___	2 x 9 = ___	7 x 9 = ___	2 x 12 = ___
12 x 5 = ___	11 x 6 = ___	3 x 10 = ___	2 x 5 = ___
2 x 10 = ___	3 x 10 = ___	11 x 3 = ___	3 x 5 = ___
11 x 7 = ___	7 x 3 = ___	7 x 2 = ___	7 x 10 = ___
4 x 2 = ___	9 x 10 = ___	12 x 6 = ___	10 x 12 = ___
5 x 6 = ___	8 x 11 = ___	12 x 6 = ___	6 x 5 = ___
3 x 11 = ___	9 x 5 = ___	2 x 6 = ___	7 x 2 = ___
4 x 12 = ___	3 x 4 = ___	9 x 7 = ___	8 x 9 = ___
7 x 3 = ___	10 x 11 = ___	4 x 4 = ___	4 x 9 = ___
4 x 10 = ___	3 x 7 = ___	5 x 3 = ___	7 x 8 = ___
5 x 2 = ___	7 x 2 = ___	8 x 3 = ___	5 x 10 = ___

www.kidsmathzone.com

ANSWERS

MULTIPLYING X 0,1
3 Minute Drill (50 Questions) - SHEET 1
1) 0   2) 8   3) 7   4) 0   5) 2
6) 0   7) 3   8) 0   9) 1   10) 0
11) 0   12) 0   13) 0   14) 5   15) 1
16) 2   17) 5   18) 0   19) 0   20) 3
21) 0   22) 0   23) 0   24) 0   25) 0
26) 0   27) 7   28) 8   29) 5   30) 0
31) 0   32) 6   33) 0   34) 7   35) 0
36) 3   37) 3   38) 3   39) 3   40) 3
41) 0   42) 0   43) 6   44) 1   45) 0
46) 5   47) 6   48) 8   49) 0   50) 9

MULTIPLYING X 2
3 Minute Drill (50 Questions) - SHEET 1
1) 18   2) 10   3) 2   4) 10   5) 8
6) 4   7) 2   8) 2   9) 4   10) 12
11) 8   12) 16   13) 12   14) 16   15) 8
16) 18   17) 16   18) 10   19) 6   20) 4
21) 12   22) 8   23) 2   24) 6   25) 10
26) 18   27) 2   28) 2   29) 10   30) 14
31) 12   32) 2   33) 6   34) 8   35) 4
36) 12   37) 14   38) 2   39) 14   40) 16
41) 6   42) 8   43) 12   44) 4   45) 6
46) 10   47) 2   48) 16   49) 14   50) 8

MULTIPLYING X 3
3 Minute Drill (50 Questions) - SHEET 1
1) 27   2) 24   3) 12   4) 18   5) 21
6) 18   7) 18   8) 21   9) 9   10) 3
11) 9   12) 18   13) 24   14) 12   15) 9
16) 9   17) 12   18) 6   19) 18   20) 18
21) 27   22) 6   23) 6   24) 15   25) 12
26) 21   27) 6   28) 15   29) 12   30) 15
31) 15   32) 9   33) 12   34) 6   35) 27
36) 21   37) 24   38) 15   39) 21   40) 3
41) 9   42) 6   43) 6   44) 18   45) 27
46) 21   47) 15   48) 15   49) 27   50) 18

MULTIPLYING X 0,1
3 Minute Drill (50 Questions) - SHEET 2
1) 0   2) 6   3) 9   4) 7   5) 0
6) 3   7) 0   8) 8   9) 2   10) 3
11) 8   12) 3   13) 0   14) 0   15) 0
16) 2   17) 1   18) 9   19) 3   20) 2
21) 0   22) 5   23) 0   24) 7   25) 2
26) 6   27) 7   28) 0   29) 0   30) 0
31) 0   32) 0   33) 0   34) 9   35) 0
36) 3   37) 3   38) 3   39) 3   40) 3
41) 0   42) 0   43) 0   44) 0   45) 5
46) 8   47) 0   48) 0   49) 7   50) 0

MULTIPLYING X 2
3 Minute Drill (50 Questions) - SHEET 2
1) 18   2) 6   3) 14   4) 12   5) 12
6) 16   7) 4   8) 14   9) 14   10) 2
11) 10   12) 6   13) 12   14) 2   15) 18
16) 6   17) 12   18) 16   19) 4   20) 4
21) 16   22) 8   23) 4   24) 16   25) 16
26) 18   27) 16   28) 6   29) 2   30) 18
31) 4   32) 18   33) 4   34) 12   35) 16
36) 14   37) 16   38) 12   39) 18   40) 4
41) 6   42) 14   43) 12   44) 12   45) 16
46) 10   47) 12   48) 18   49) 4   50) 14

MULTIPLYING X 3
3 Minute Drill (50 Questions) - SHEET 2
1) 3   2) 3   3) 24   4) 27   5) 21
6) 9   7) 27   8) 21   9) 21   10) 21
11) 9   12) 18   13) 9   14) 18   15) 21
16) 15   17) 27   18) 9   19) 27   20) 9
21) 9   22) 27   23) 12   24) 21   25) 9
26) 9   27) 27   28) 18   29) 18   30) 12
31) 12   32) 6   33) 21   34) 24   35) 21
36) 24   37) 12   38) 24   39) 24   40) 9
41) 6   42) 9   43) 9   44) 21   45) 12
46) 21   47) 15   48) 3   49) 9   50) 21

MULTIPLYING X 0,1
3 Minute Drill (50 Questions) - SHEET 3
1) 0   2) 0   3) 0   4) 0   5) 2
6) 1   7) 0   8) 5   9) 0   10) 7
11) 0   12) 1   13) 4   14) 8   15) 6
16) 0   17) 6   18) 1   19) 9   20) 0
21) 0   22) 0   23) 0   24) 9   25) 0
26) 9   27) 0   28) 4   29) 5   30) 0
31) 0   32) 0   33) 7   34) 3   35) 0
36) 3   37) 3   38) 3   39) 3   40) 3
41) 0   42) 0   43) 1   44) 0   45) 2
46) 0   47) 1   48) 7   49) 0   50) 0

MULTIPLYING X 2
3 Minute Drill (50 Questions) - SHEET 3
1) 14   2) 6   3) 16   4) 10   5) 16
6) 16   7) 2   8) 14   9) 18   10) 6
11) 8   12) 4   13) 4   14) 14   15) 8
16) 6   17) 14   18) 4   19) 8   20) 12
21) 6   22) 2   23) 10   24) 2   25) 8
26) 16   27) 16   28) 10   29) 14   30) 6
31) 10   32) 6   33) 6   34) 16   35) 8
36) 18   37) 8   38) 2   39) 14   40) 18
41) 18   42) 6   43) 14   44) 6   45) 10
46) 2   47) 18   48) 12   49) 2   50) 14

MULTIPLYING X 3
3 Minute Drill (50 Questions) - SHEET 3
1) 27   2) 24   3) 9   4) 21   5) 18
6) 21   7) 9   8) 9   9) 12   10) 12
11) 27   12) 24   13) 12   14) 6   15) 9
16) 12   17) 15   18) 21   19) 6   20) 21
21) 18   22) 27   23) 6   24) 15   25) 6
26) 9   27) 24   28) 18   29) 9   30) 6
31) 6   32) 27   33) 21   34) 3   35) 18
36) 12   37) 15   38) 3   39) 24   40) 3
41) 6   42) 27   43) 9   44) 18   45) 15
46) 15   47) 24   48) 21   49) 9   50) 12

MULTIPLYING X 0,1
3 Minute Drill (50 Questions) - SHEET 4
1) 0   2) 9   3) 4   4) 4   5) 0
6) 0   7) 0   8) 9   9) 0   10) 0
11) 6   12) 0   13) 0   14) 9   15) 0
16) 6   17) 0   18) 1   19) 3   20) 0
21) 2   22) 0   23) 0   24) 0   25) 9
26) 7   27) 6   28) 0   29) 6   30) 8
31) 0   32) 1   33) 0   34) 5   35) 6
36) 3   37) 3   38) 3   39) 3   40) 3
41) 0   42) 4   43) 0   44) 8   45) 0
46) 2   47) 0   48) 8   49) 8   50) 1

MULTIPLYING X 2
3 Minute Drill (50 Questions) - SHEET 4
1) 8   2) 18   3) 6   4) 12   5) 8
6) 18   7) 16   8) 16   9) 14   10) 10
11) 6   12) 4   13) 16   14) 18   15) 18
16) 2   17) 2   18) 14   19) 18   20) 8
21) 10   22) 18   23) 18   24) 2   25) 18
26) 12   27) 10   28) 8   29) 2   30) 10
31) 2   32) 12   33) 12   34) 4   35) 18
36) 2   37) 4   38) 6   39) 12   40) 14
41) 18   42) 2   43) 2   44) 2   45) 14
46) 10   47) 6   48) 8   49) 14   50) 6

MULTIPLYING X 3
3 Minute Drill (50 Questions) - SHEET 4
1) 3   2) 18   3) 12   4) 18   5) 15
6) 12   7) 24   8) 6   9) 6   10) 18
11) 9   12) 21   13) 15   14) 15   15) 24
16) 21   17) 12   18) 6   19) 3   20) 12
21) 27   22) 18   23) 9   24) 27   25) 15
26) 21   27) 3   28) 3   29) 6   30) 18
31) 21   32) 27   33) 27   34) 9   35) 3
36) 12   37) 18   38) 9   39) 24   40) 15
41) 12   42) 24   43) 18   44) 27   45) 15
46) 15   47) 21   48) 15   49) 9   50) 6

MULTIPLYING X 0,1
3 Minute Drill (50 Questions) - SHEET 5
1) 2   2) 0   3) 0   4) 2   5) 5
6) 0   7) 0   8) 1   9) 0   10) 0
11) 6   12) 3   13) 0   14) 0   15) 1
16) 9   17) 1   18) 0   19) 0   20) 7
21) 0   22) 0   23) 6   24) 0   25) 3
26) 0   27) 0   28) 9   29) 1   30) 0
31) 0   32) 0   33) 0   34) 1   35) 0
36) 3   37) 3   38) 3   39) 3   40) 3
41) 1   42) 5   43) 0   44) 0   45) 0
46) 0   47) 5   48) 0   49) 0   50) 0

MULTIPLYING X 2
3 Minute Drill (50 Questions) - SHEET 5
1) 14   2) 4   3) 2   4) 8   5) 10
6) 12   7) 18   8) 2   9) 10   10) 14
11) 18   12) 4   13) 18   14) 8   15) 4
16) 10   17) 8   18) 10   19) 10   20) 12
21) 18   22) 6   23) 6   24) 14   25) 16
26) 12   27) 6   28) 16   29) 2   30) 16
31) 6   32) 14   33) 16   34) 2   35) 14
36) 10   37) 4   38) 18   39) 4   40) 18
41) 4   42) 4   43) 2   44) 18   45) 10
46) 6   47) 18   48) 8   49) 16   50) 18

MULTIPLYING X 3
3 Minute Drill (50 Questions) - SHEET 5
1) 9   2) 15   3) 27   4) 12   5) 27
6) 15   7) 9   8) 24   9) 27   10) 18
11) 3   12) 12   13) 21   14) 18   15) 24
16) 6   17) 6   18) 9   19) 21   20) 6
21) 27   22) 15   23) 3   24) 6   25) 15
26) 12   27) 12   28) 24   29) 21   30) 9
31) 18   32) 15   33) 18   34) 12   35) 9
36) 15   37) 9   38) 3   39) 21   40) 18
41) 12   42) 21   43) 21   44) 21   45) 18
46) 24   47) 15   48) 15   49) 18   50) 3

MULTIPLYING X 4
3 Minute Drill (50 Questions) - SHEET 1

1) 8 2) 8 3) 8 4) 16 5) 28
6) 24 7) 4 8) 16 9) 12 10) 36
11) 12 12) 32 13) 8 14) 20 15) 36
16) 16 17) 12 18) 24 19) 28 20) 20
21) 28 22) 8 23) 36 24) 16 25) 8
26) 20 27) 36 28) 16 29) 24 30) 28
31) 8 32) 24 33) 8 34) 32 35) 36
36) 16 37) 32 38) 8 39) 36 40) 8
41) 20 42) 28 43) 24 44) 32 45) 20
46) 36 47) 12 48) 12 49) 28 50) 8

MULTIPLYING X 5
3 Minute Drill (50 Questions) - SHEET 1

1) 20 2) 5 3) 10 4) 45 5) 20
6) 35 7) 40 8) 45 9) 25 10) 30
11) 10 12) 35 13) 20 14) 45 15) 40
16) 10 17) 40 18) 45 19) 40 20) 35
21) 35 22) 40 23) 5 24) 20 25) 25
26) 10 27) 15 28) 45 29) 15 30) 15
31) 10 32) 30 33) 40 34) 45 35) 15
36) 35 37) 5 38) 20 39) 5 40) 35
41) 15 42) 25 43) 15 44) 45 45) 5
46) 40 47) 10 48) 15 49) 35 50) 20

MULTIPLYING X 6
3 Minute Drill (50 Questions) - SHEET 1

1) 6 2) 12 3) 30 4) 30 5) 42
6) 12 7) 36 8) 24 9) 12 10) 24
11) 30 12) 30 13) 48 14) 42 15) 18
16) 54 17) 48 18) 24 19) 6 20) 36
21) 30 22) 24 23) 6 24) 48 25) 6
26) 42 27) 54 28) 48 29) 12 30) 12
31) 48 32) 30 33) 12 34) 6 35) 54
36) 12 37) 12 38) 30 39) 54 40) 6
41) 6 42) 12 43) 18 44) 48 45) 30
46) 36 47) 6 48) 54 49) 30 50) 24

MULTIPLYING X 4
3 Minute Drill (50 Questions) - SHEET 2

1) 12 2) 12 3) 12 4) 16 5) 36
6) 8 7) 4 8) 32 9) 24 10) 8
11) 28 12) 32 13) 4 14) 4 15) 32
16) 32 17) 20 18) 28 19) 20 20) 24
21) 8 22) 16 23) 28 24) 4 25) 20
26) 28 27) 32 28) 20 29) 28 30) 4
31) 8 32) 8 33) 12 34) 32 35) 4
36) 28 37) 8 38) 24 39) 4 40) 20
41) 20 42) 36 43) 16 44) 36 45) 36
46) 12 47) 16 48) 4 49) 12 50) 8

MULTIPLYING X 5
3 Minute Drill (50 Questions) - SHEET 2

1) 15 2) 25 3) 35 4) 5 5) 5
6) 35 7) 35 8) 15 9) 10 10) 30
11) 25 12) 40 13) 20 14) 45 15) 15
16) 45 17) 25 18) 45 19) 25 20) 35
21) 30 22) 30 23) 15 24) 15 25) 25
26) 25 27) 45 28) 10 29) 45 30) 45
31) 40 32) 45 33) 30 34) 30 35) 20
36) 5 37) 25 38) 10 39) 40 40) 15
41) 40 42) 10 43) 20 44) 35 45) 20
46) 45 47) 15 48) 15 49) 5 50) 5

MULTIPLYING X 6
3 Minute Drill (50 Questions) - SHEET 2

1) 42 2) 6 3) 48 4) 36 5) 30
6) 30 7) 54 8) 48 9) 30 10) 24
11) 24 12) 54 13) 42 14) 24 15) 6
16) 12 17) 12 18) 24 19) 54 20) 12
21) 36 22) 24 23) 24 24) 24 25) 42
26) 48 27) 30 28) 54 29) 6 30) 54
31) 6 32) 42 33) 6 34) 36 35) 48
36) 36 37) 12 38) 12 39) 6 40) 42
41) 24 42) 12 43) 54 44) 12 45) 24
46) 12 47) 48 48) 48 49) 18 50) 30

MULTIPLYING X 4
3 Minute Drill (50 Questions) - SHEET 3

1) 24 2) 36 3) 24 4) 36 5) 8
6) 36 7) 4 8) 36 9) 32 10) 24
11) 4 12) 4 13) 16 14) 8 15) 36
16) 28 17) 28 18) 36 19) 8 20) 32
21) 24 22) 24 23) 4 24) 16 25) 36
26) 36 27) 24 28) 32 29) 32 30) 32
31) 36 32) 24 33) 16 34) 24 35) 12
36) 24 37) 32 38) 32 39) 20 40) 32
41) 32 42) 12 43) 28 44) 32 45) 8
46) 12 47) 36 48) 28 49) 20 50) 32

MULTIPLYING X 5
3 Minute Drill (50 Questions) - SHEET 3

1) 25 2) 45 3) 45 4) 10 5) 20
6) 45 7) 20 8) 40 9) 40 10) 15
11) 30 12) 25 13) 40 14) 30 15) 15
16) 5 17) 35 18) 40 19) 15 20) 10
21) 10 22) 5 23) 30 24) 10 25) 40
26) 45 27) 45 28) 25 29) 30 30) 30
31) 35 32) 15 33) 5 34) 45 35) 40
36) 30 37) 10 38) 35 39) 40 40) 40
41) 5 42) 25 43) 5 44) 20 45) 20
46) 5 47) 40 48) 30 49) 5 50) 35

MULTIPLYING X 6
3 Minute Drill (50 Questions) - SHEET 3

1) 42 2) 30 3) 24 4) 48 5) 12
6) 42 7) 12 8) 12 9) 6 10) 12
11) 24 12) 48 13) 36 14) 48 15) 6
16) 48 17) 12 18) 24 19) 48 20) 18
21) 42 22) 48 23) 12 24) 18 25) 30
26) 36 27) 30 28) 30 29) 18 30) 48
31) 12 32) 30 33) 24 34) 54 35) 18
36) 54 37) 6 38) 30 39) 6 40) 30
41) 42 42) 12 43) 30 44) 42 45) 36
46) 6 47) 48 48) 54 49) 24 50) 42

MULTIPLYING X 4
3 Minute Drill (50 Questions) - SHEET 4

1) 8 2) 32 3) 8 4) 12 5) 36
6) 4 7) 28 8) 36 9) 36 10) 24
11) 16 12) 4 13) 28 14) 28 15) 24
16) 24 17) 16 18) 32 19) 16 20) 8
21) 12 22) 24 23) 12 24) 32 25) 24
26) 20 27) 20 28) 32 29) 16 30) 28
31) 28 32) 4 33) 12 34) 24 35) 20
36) 12 37) 28 38) 36 39) 28 40) 8
41) 24 42) 28 43) 36 44) 16 45) 28
46) 12 47) 4 48) 32 49) 28 50) 24

MULTIPLYING X 5
3 Minute Drill (50 Questions) - SHEET 4

1) 5 2) 20 3) 10 4) 15 5) 25
6) 15 7) 45 8) 40 9) 20 10) 40
11) 45 12) 40 13) 10 14) 30 15) 10
16) 25 17) 20 18) 15 19) 5 20) 10
21) 45 22) 20 23) 35 24) 15 25) 40
26) 35 27) 20 28) 35 29) 10 30) 35
31) 40 32) 40 33) 40 34) 35 35) 10
36) 45 37) 25 38) 45 39) 20 40) 45
41) 20 42) 20 43) 45 44) 25 45) 25
46) 25 47) 5 48) 10 49) 35 50) 5

MULTIPLYING X 6
3 Minute Drill (50 Questions) - SHEET 4

1) 6 2) 42 3) 48 4) 48 5) 54
6) 6 7) 12 8) 12 9) 54 10) 42
11) 12 12) 36 13) 48 14) 42 15) 12
16) 54 17) 18 18) 48 19) 24 20) 24
21) 6 22) 30 23) 30 24) 30 25) 48
26) 6 27) 30 28) 36 29) 42 30) 6
31) 42 32) 6 33) 36 34) 6 35) 24
36) 54 37) 18 38) 48 39) 36 40) 30
41) 12 42) 36 43) 6 44) 12 45) 6
46) 48 47) 48 48) 48 49) 30 50) 54

MULTIPLYING X 4
3 Minute Drill (50 Questions) - SHEET 5

1) 28 2) 32 3) 16 4) 16 5) 16
6) 8 7) 12 8) 32 9) 24 10) 4
11) 8 12) 12 13) 20 14) 8 15) 24
16) 32 17) 24 18) 32 19) 36 20) 8
21) 16 22) 32 23) 36 24) 16 25) 8
26) 32 27) 16 28) 28 29) 12 30) 24
31) 4 32) 28 33) 12 34) 8 35) 32
36) 8 37) 28 38) 8 39) 20 40) 4
41) 28 42) 24 43) 16 44) 12 45) 36
46) 8 47) 28 48) 12 49) 36 50) 28

MULTIPLYING X 5
3 Minute Drill (50 Questions) - SHEET 5

1) 40 2) 25 3) 15 4) 30 5) 40
6) 10 7) 20 8) 35 9) 25 10) 45
11) 5 12) 20 13) 45 14) 10 15) 20
16) 40 17) 10 18) 30 19) 5 20) 35
21) 35 22) 20 23) 30 24) 5 25) 15
26) 40 27) 20 28) 45 29) 10 30) 45
31) 10 32) 45 33) 40 34) 30 35) 5
36) 30 37) 30 38) 5 39) 30 40) 20
41) 40 42) 15 43) 35 44) 5 45) 10
46) 20 47) 40 48) 25 49) 10 50) 10

MULTIPLYING X 6
3 Minute Drill (50 Questions) - SHEET 5

1) 48 2) 54 3) 24 4) 18 5) 30
6) 12 7) 36 8) 18 9) 24 10) 36
11) 30 12) 6 13) 36 14) 12 15) 18
16) 42 17) 12 18) 6 19) 54 20) 42
21) 6 22) 30 23) 6 24) 42 25) 24
26) 12 27) 6 28) 12 29) 48 30) 6
31) 54 32) 18 33) 6 34) 12 35) 54
36) 48 37) 6 38) 42 39) 30 40) 30
41) 6 42) 24 43) 6 44) 24 45) 6
46) 36 47) 36 48) 18 49) 54 50) 30

MULTIPLYING X 7
3 Minute Drill (50 Questions) - SHEET 1

1) 42 2) 7   3) 35 4) 42 5) 35
6) 49 7) 21 8) 49 9) 42 10) 49
11) 35 12) 63 13) 56 14) 28 15) 28
16) 56 17) 21 18) 42 19) 14 20) 35
21) 21 22) 56 23) 49 24) 35 25) 35
26) 35 27) 42 28) 14 29) 35 30) 7
31) 63 32) 56 33) 63 34) 49 35) 49
36) 7 37) 28 38) 63 39) 35 40) 56
41) 7 42) 56 43) 21 44) 21 45) 56
46) 49 47) 7 48) 63 49) 56 50) 21

MULTIPLYING X 8
3 Minute Drill (50 Questions) - SHEET 1

1) 56 2) 48 3) 72 4) 16 5) 8
6) 64 7) 8   8) 24 9) 56 10) 56
11) 48 12) 40 13) 8 14) 16 15) 64
16) 72 17) 8 18) 24 19) 48 20) 8
21) 56 22) 64 23) 64 24) 72 25) 32
26) 32 27) 64 28) 64 29) 56 30) 72
31) 56 32) 16 33) 8 34) 24 35) 16
36) 24 37) 64 38) 64 39) 24 40) 24
41) 8 42) 48 43) 24 44) 16 45) 40
46) 48 47) 8 48) 56 49) 32 50) 8

MULTIPLYING X 9
3 Minute Drill (50 Questions) - SHEET 1

1) 27 2) 9   3) 72 4) 72 5) 27
6) 18 7) 63 8) 54 9) 81 10) 63
11) 54 12) 81 13) 81 14) 81 15) 36
16) 9 17) 72 18) 54 19) 9 20) 45
21) 81 22) 72 23) 72 24) 54 25) 27
26) 18 27) 45 28) 45 29) 45 30) 72
31) 27 32) 9 33) 9 34) 63 35) 9
36) 9 37) 63 38) 63 39) 72 40) 27
41) 54 42) 9 43) 36 44) 63 45) 36
46) 36 47) 36 48) 81 49) 36 50) 72

MULTIPLYING X 7
3 Minute Drill (50 Questions) - SHEET 1

1) 21 2) 35 3) 56 4) 21 5) 14
6) 28 7) 28 8) 56 9) 42 10) 28
11) 42 12) 49 13) 42 14) 35 15) 14
16) 28 17) 49 18) 7 19) 7 20) 56
21) 7 22) 7 23) 14 24) 7 25) 42
26) 21 27) 63 28) 7 29) 28 30) 14
31) 49 32) 28 33) 56 34) 42 35) 63
36) 49 37) 56 38) 42 39) 63 40) 63
41) 7 42) 7 43) 49 44) 49 45) 28
46) 14 47) 56 48) 63 49) 42 50) 28

MULTIPLYING X 8
3 Minute Drill (50 Questions) - SHEET 2

1) 64 2) 56 3) 8   4) 40 5) 72
6) 72 7) 32 8) 24 9) 24 10) 32
11) 24 12) 40 13) 48 14) 40 15) 32
16) 64 17) 24 18) 48 19) 56 20) 48
21) 48 22) 64 23) 56 24) 40 25) 72
26) 48 27) 24 28) 24 29) 40 30) 72
31) 8 32) 40 33) 48 34) 56 35) 56
36) 32 37) 56 38) 40 39) 16 40) 24
41) 32 42) 16 43) 64 44) 72 45) 32
46) 24 47) 64 48) 48 49) 24 50) 48

MULTIPLYING X 9
3 Minute Drill (50 Questions) - SHEET 2

1) 81 2) 54 3) 9   4) 18 5) 54
6) 18 7) 45 8) 9   9) 72 10) 9
11) 18 12) 63 13) 72 14) 9 15) 63
16) 54 17) 54 18) 36 19) 36 20) 18
21) 45 22) 72 23) 63 24) 36 25) 36
26) 54 27) 45 28) 81 29) 54 30) 45
31) 63 32) 45 33) 63 34) 9 35) 36
36) 36 37) 27 38) 63 39) 72 40) 45
41) 72 42) 27 43) 72 44) 54 45) 72
46) 36 47) 36 48) 63 49) 81 50) 45

MULTIPLYING X 7
3 Minute Drill (50 Questions) - SHEET 1

1) 35 2) 21 3) 14 4) 21 5) 7
6) 28 7) 63 8) 42 9) 28 10) 21
11) 63 12) 14 13) 49 14) 42 15) 14
16) 42 17) 63 18) 63 19) 63 20) 7
21) 56 22) 56 23) 35 24) 7 25) 49
26) 49 27) 14 28) 7 29) 49 30) 56
31) 63 32) 56 33) 49 34) 7 35) 42
36) 42 37) 28 38) 63 39) 14 40) 42
41) 56 42) 63 43) 7 44) 14 45) 35
46) 28 47) 7 48) 14 49) 14 50) 28

MULTIPLYING X 8
3 Minute Drill (50 Questions) - SHEET 3

1) 64 2) 56 3) 72 4) 32 5) 48
6) 56 7) 32 8) 64 9) 24 10) 16
11) 56 12) 8 13) 16 14) 8 15) 56
16) 48 17) 24 18) 24 19) 32 20) 56
21) 72 22) 48 23) 8 24) 40 25) 32
26) 40 27) 24 28) 48 29) 40 30) 8
31) 56 32) 8 33) 56 34) 72 35) 72
36) 48 37) 56 38) 72 39) 8 40) 40
41) 64 42) 56 43) 8 44) 24 45) 64
46) 56 47) 16 48) 72 49) 16 50) 32

MULTIPLYING X 9
3 Minute Drill (50 Questions) - SHEET 3

1) 63 2) 72 3) 9   4) 18 5) 27
6) 63 7) 72 8) 9   9) 81 10) 63
11) 81 12) 81 13) 9 14) 63 15) 36
16) 45 17) 36 18) 27 19) 36 20) 81
21) 45 22) 54 23) 81 24) 81 25) 36
26) 72 27) 18 28) 54 29) 27 30) 81
31) 81 32) 36 33) 54 34) 72 35) 18
36) 54 37) 18 38) 36 39) 36 40) 27
41) 63 42) 27 43) 36 44) 63 45) 18
46) 45 47) 54 48) 36 49) 54 50) 45

MULTIPLYING X 7
3 Minute Drill (50 Questions) - SHEET 1

1) 49 2) 21 3) 49 4) 21 5) 28
6) 63 7) 28 8) 42 9) 63 10) 14
11) 63 12) 49 13) 28 14) 56 15) 14
16) 28 17) 21 18) 7 19) 7 20) 42
21) 35 22) 42 23) 14 24) 28 25) 42
26) 49 27) 21 28) 7 29) 7 30) 35
31) 42 32) 56 33) 14 34) 42 35) 7
36) 63 37) 63 38) 49 39) 14 40) 63
41) 7 42) 35 43) 42 44) 63 45) 35
46) 49 47) 21 48) 21 49) 56 50) 63

MULTIPLYING X 8
3 Minute Drill (50 Questions) - SHEET 4

1) 56 2) 48 3) 48 4) 8   5) 32
6) 56 7) 72 8) 32 9) 64 10) 48
11) 16 12) 56 13) 16 14) 64 15) 48
16) 24 17) 32 18) 24 19) 16 20) 8
21) 16 22) 24 23) 16 24) 40 25) 48
26) 24 27) 48 28) 24 29) 8 30) 72
31) 40 32) 64 33) 8 34) 72 35) 40
36) 72 37) 8 38) 56 39) 40 40) 72
41) 8 42) 40 43) 56 44) 8 45) 24
46) 24 47) 64 48) 48 49) 64 50) 24

MULTIPLYING X 9
3 Minute Drill (50 Questions) - SHEET 4

1) 18 2) 45 3) 63 4) 36 5) 18
6) 63 7) 45 8) 54 9) 36 10) 45
11) 18 12) 72 13) 81 14) 9 15) 72
16) 36 17) 45 18) 54 19) 18 20) 54
21) 9 22) 36 23) 36 24) 36 25) 81
26) 54 27) 72 28) 45 29) 9 30) 9
31) 36 32) 72 33) 72 34) 27 35) 9
36) 63 37) 81 38) 54 39) 18 40) 36
41) 45 42) 81 43) 9 44) 63 45) 54
46) 36 47) 72 48) 72 49) 9 50) 18

MULTIPLYING X 7
3 Minute Drill (50 Questions) - SHEET 1

1) 7   2) 49 3) 63 4) 49 5) 49
6) 42 7) 14 8) 56 9) 21 10) 42
11) 21 12) 7 13) 42 14) 28 15) 56
16) 56 17) 21 18) 42 19) 7 20) 42
21) 7 22) 63 23) 42 24) 35 25) 21
26) 56 27) 35 28) 63 29) 63 30) 14
31) 14 32) 63 33) 35 34) 42 35) 28
36) 42 37) 14 38) 35 39) 63 40) 42
41) 14 42) 56 43) 63 44) 28 45) 49
46) 63 47) 35 48) 7 49) 49 50) 14

MULTIPLYING X 8
3 Minute Drill (50 Questions) - SHEET 5

1) 48 2) 8   3) 24 4) 40 5) 24
6) 72 7) 24 8) 16 9) 48 10) 40
11) 48 12) 72 13) 40 14) 16 15) 8
16) 64 17) 72 18) 24 19) 48 20) 16
21) 64 22) 8 23) 72 24) 56 25) 64
26) 8 27) 72 28) 40 29) 16 30) 16
31) 40 32) 40 33) 8 34) 64 35) 40
36) 24 37) 48 38) 32 39) 40 40) 32
41) 48 42) 16 43) 72 44) 8 45) 40
46) 40 47) 48 48) 64 49) 56 50) 24

MULTIPLYING X 9
3 Minute Drill (50 Questions) - SHEET 5

1) 36 2) 36 3) 63 4) 72 5) 18
6) 27 7) 9   8) 27 9) 36 10) 54
11) 36 12) 18 13) 18 14) 81 15) 27
16) 63 17) 36 18) 36 19) 63 20) 27
21) 27 22) 9 23) 45 24) 81 25) 18
26) 54 27) 54 28) 18 29) 36 30) 27
31) 81 32) 45 33) 54 34) 9 35) 81
36) 36 37) 27 38) 72 39) 9 40) 63
41) 27 42) 63 43) 72 44) 27 45) 27
46) 36 47) 54 48) 54 49) 54 50) 54

MULTIPLYING X 10
3 Minute Drill (50 Questions) - SHEET 1

1) 40	2) 50	3) 30	4) 50	5) 80
6) 10	7) 30	8) 60	9) 30	10) 60
11) 60	12) 10	13) 40	14) 30	15) 80
16) 60	17) 70	18) 60	19) 50	20) 40
21) 20	22) 70	23) 20	24) 90	25) 70
26) 50	27) 60	28) 80	29) 90	30) 30
31) 60	32) 10	33) 80	34) 50	35) 80
36) 30	37) 90	38) 70	39) 50	40) 20
41) 20	42) 90	43) 90	44) 70	45) 70
46) 30	47) 50	48) 40	49) 60	50) 60

MULTIPLYING X 11
3 Minute Drill (50 Questions) - SHEET 1

1) 22	2) 44	3) 88	4) 66	5) 99
6) 88	7) 33	8) 99	9) 55	10) 22
11) 22	12) 11	13) 11	14) 66	15) 99
16) 99	17) 22	18) 44	19) 33	20) 44
21) 99	22) 66	23) 66	24) 22	25) 55
26) 66	27) 11	28) 99	29) 33	30) 66
31) 66	32) 55	33) 44	34) 22	35) 22
36) 88	37) 55	38) 11	39) 77	40) 88
41) 66	42) 99	43) 11	44) 77	45) 66
46) 44	47) 44	48) 22	49) 33	50) 11

MULTIPLYING X 12
3 Minute Drill (50 Questions) - SHEET 1

1) 96	2) 84	3) 84	4) 108	5) 36
6) 36	7) 12	8) 60	9) 12	10) 36
11) 12	12) 108	13) 36	14) 96	15) 84
16) 108	17) 108	18) 24	19) 72	20) 84
21) 24	22) 60	23) 108	24) 12	25) 36
26) 36	27) 96	28) 72	29) 24	30) 48
31) 36	32) 12	33) 12	34) 96	35) 12
36) 108	37) 96	38) 24	39) 60	40) 12
41) 48	42) 96	43) 84	44) 48	45) 24
46) 60	47) 84	48) 108	49) 12	50) 96

MULTIPLYING X 10
3 Minute Drill (50 Questions) - SHEET 2

1) 70	2) 30	3) 20	4) 40	5) 60
6) 70	7) 80	8) 10	9) 20	10) 90
11) 70	12) 60	13) 60	14) 40	15) 80
16) 80	17) 20	18) 30	19) 10	20) 90
21) 30	22) 90	23) 10	24) 30	25) 20
26) 80	27) 90	28) 90	29) 70	30) 90
31) 50	32) 40	33) 60	34) 30	35) 60
36) 90	37) 60	38) 40	39) 50	40) 80
41) 10	42) 80	43) 50	44) 70	45) 70
46) 90	47) 80	48) 10	49) 90	50) 80

MULTIPLYING X 11
3 Minute Drill (50 Questions) - SHEET 2

1) 99	2) 66	3) 33	4) 66	5) 88
6) 77	7) 88	8) 99	9) 99	10) 44
11) 33	12) 55	13) 11	14) 88	15) 44
16) 11	17) 55	18) 66	19) 22	20) 44
21) 77	22) 66	23) 99	24) 88	25) 44
26) 33	27) 55	28) 22	29) 22	30) 99
31) 77	32) 33	33) 22	34) 88	35) 77
36) 33	37) 88	38) 88	39) 55	40) 55
41) 55	42) 99	43) 33	44) 77	45) 66
46) 22	47) 33	48) 88	49) 77	50) 88

MULTIPLYING X 12
3 Minute Drill (50 Questions) - SHEET 2

1) 24	2) 48	3) 24	4) 96	5) 96
6) 84	7) 12	8) 12	9) 24	10) 108
11) 72	12) 24	13) 48	14) 72	15) 96
16) 72	17) 72	18) 36	19) 84	20) 36
21) 24	22) 96	23) 96	24) 48	25) 12
26) 60	27) 108	28) 84	29) 36	30) 36
31) 96	32) 36	33) 108	34) 60	35) 72
36) 96	37) 24	38) 36	39) 72	40) 108
41) 84	42) 24	43) 48	44) 36	45) 48
46) 72	47) 108	48) 12	49) 96	50) 108

MULTIPLYING X 10
3 Minute Drill (50 Questions) - SHEET 3

1) 60	2) 40	3) 30	4) 60	5) 10
6) 10	7) 60	8) 90	9) 80	10) 60
11) 80	12) 50	13) 40	14) 50	15) 10
16) 60	17) 60	18) 90	19) 10	20) 20
21) 40	22) 20	23) 70	24) 80	25) 40
26) 60	27) 70	28) 80	29) 30	30) 30
31) 60	32) 10	33) 80	34) 60	35) 10
36) 90	37) 90	38) 80	39) 70	40) 20
41) 90	42) 40	43) 90	44) 20	45) 40
46) 80	47) 60	48) 70	49) 80	50) 80

MULTIPLYING X 11
3 Minute Drill (50 Questions) - SHEET 3

1) 55	2) 22	3) 22	4) 88	5) 77
6) 11	7) 55	8) 44	9) 99	10) 66
11) 66	12) 55	13) 99	14) 77	15) 33
16) 88	17) 99	18) 88	19) 99	20) 66
21) 77	22) 99	23) 99	24) 99	25) 66
26) 99	27) 11	28) 44	29) 77	30) 77
31) 22	32) 66	33) 44	34) 99	35) 66
36) 55	37) 22	38) 88	39) 88	40) 99
41) 33	42) 66	43) 77	44) 88	45) 55
46) 22	47) 99	48) 11	49) 33	50) 44

MULTIPLYING X 12
3 Minute Drill (50 Questions) - SHEET 3

1) 24	2) 12	3) 84	4) 84	5) 48
6) 84	7) 96	8) 84	9) 96	10) 48
11) 60	12) 60	13) 96	14) 72	15) 72
16) 60	17) 84	18) 36	19) 108	20) 12
21) 96	22) 60	23) 12	24) 24	25) 24
26) 72	27) 36	28) 12	29) 72	30) 12
31) 108	32) 36	33) 60	34) 108	35) 108
36) 84	37) 60	38) 84	39) 108	40) 72
41) 12	42) 48	43) 12	44) 24	45) 84
46) 96	47) 24	48) 84	49) 72	50) 36

MULTIPLYING X 10
3 Minute Drill (50 Questions) - SHEET 4

1) 80	2) 60	3) 50	4) 10	5) 60
6) 30	7) 70	8) 60	9) 90	10) 70
11) 80	12) 50	13) 40	14) 50	15) 60
16) 60	17) 90	18) 60	19) 40	20) 50
21) 50	22) 80	23) 40	24) 10	25) 30
26) 60	27) 50	28) 70	29) 80	30) 70
31) 80	32) 10	33) 20	34) 10	35) 30
36) 60	37) 30	38) 70	39) 10	40) 50
41) 10	42) 40	43) 50	44) 90	45) 20
46) 40	47) 80	48) 40	49) 70	50) 40

MULTIPLYING X 11
3 Minute Drill (50 Questions) - SHEET 4

1) 11	2) 11	3) 22	4) 99	5) 44
6) 11	7) 77	8) 55	9) 99	10) 99
11) 22	12) 99	13) 44	14) 44	15) 99
16) 33	17) 55	18) 11	19) 44	20) 33
21) 66	22) 44	23) 77	24) 77	25) 33
26) 77	27) 66	28) 77	29) 11	30) 88
31) 33	32) 22	33) 77	34) 44	35) 22
36) 88	37) 44	38) 77	39) 33	40) 77
41) 11	42) 88	43) 22	44) 44	45) 44
46) 99	47) 33	48) 55	49) 66	50) 99

MULTIPLYING X 12
3 Minute Drill (50 Questions) - SHEET 4

1) 24	2) 12	3) 84	4) 12	5) 36
6) 60	7) 48	8) 12	9) 60	10) 108
11) 48	12) 60	13) 96	14) 48	15) 108
16) 96	17) 84	18) 36	19) 72	20) 72
21) 36	22) 36	23) 48	24) 96	25) 60
26) 24	27) 108	28) 36	29) 36	30) 96
31) 48	32) 12	33) 12	34) 72	35) 24
36) 84	37) 72	38) 12	39) 36	40) 60
41) 48	42) 108	43) 48	44) 108	45) 60
46) 24	47) 84	48) 36	49) 12	50) 48

MULTIPLYING X 10
3 Minute Drill (50 Questions) - SHEET 5

1) 60	2) 60	3) 20	4) 20	5) 30
6) 60	7) 40	8) 10	9) 50	10) 20
11) 60	12) 60	13) 60	14) 10	15) 50
16) 50	17) 40	18) 70	19) 70	20) 30
21) 50	22) 20	23) 20	24) 60	25) 10
26) 90	27) 60	28) 20	29) 10	30) 40
31) 80	32) 30	33) 70	34) 10	35) 10
36) 80	37) 80	38) 70	39) 20	40) 90
41) 30	42) 90	43) 50	44) 30	45) 70
46) 60	47) 20	48) 10	49) 90	50) 50

MULTIPLYING X 11
3 Minute Drill (50 Questions) - SHEET 5

1) 33	2) 88	3) 99	4) 99	5) 33
6) 44	7) 99	8) 66	9) 88	10) 88
11) 33	12) 33	13) 88	14) 66	15) 77
16) 44	17) 22	18) 88	19) 22	20) 22
21) 77	22) 99	23) 55	24) 66	25) 55
26) 77	27) 44	28) 33	29) 33	30) 88
31) 66	32) 66	33) 11	34) 88	35) 44
36) 22	37) 44	38) 44	39) 77	40) 11
41) 99	42) 66	43) 33	44) 44	45) 11
46) 66	47) 77	48) 22	49) 55	50) 44

MULTIPLYING X 12
3 Minute Drill (50 Questions) - SHEET 5

1) 48	2) 108	3) 60	4) 84	5) 84
6) 84	7) 12	8) 84	9) 12	10) 12
11) 84	12) 72	13) 72	14) 24	15) 96
16) 12	17) 84	18) 48	19) 24	20) 36
21) 24	22) 48	23) 24	24) 84	25) 48
26) 96	27) 48	28) 60	29) 84	30) 60
31) 60	32) 72	33) 24	34) 72	35) 60
36) 60	37) 72	38) 12	39) 12	40) 36
41) 12	42) 12	43) 48	44) 12	45) 96
46) 36	47) 108	48) 84	49) 108	50) 108

Mixed Numbers Multiplication
1 Minute Drill

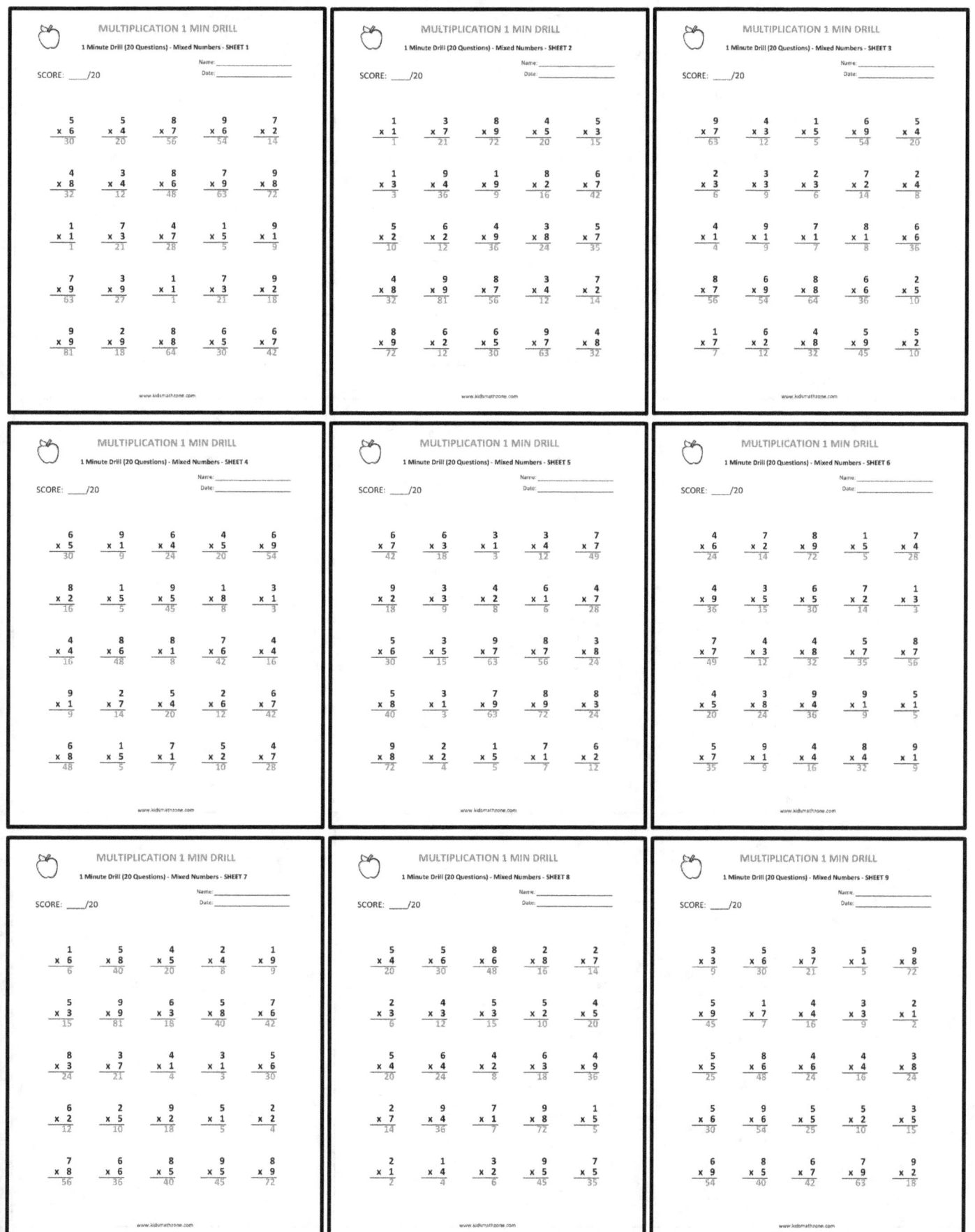

Mixed Numbers Multiplication
1 Minute Drill

MULTIPLICATION 1 MIN DRILL
1 Minute Drill (20 Questions) - Mixed Numbers - SHEET 1

SCORE: ___/20   Name: _____   Date: _____

5 x 8 = 40		9 x 11 = 99	
10 x 5 = 50		2 x 7 = 14	
5 x 2 = 10		10 x 11 = 110	
12 x 10 = 120		2 x 9 = 18	
4 x 5 = 20		3 x 4 = 12	
4 x 9 = 36		8 x 11 = 88	
4 x 6 = 24		10 x 8 = 80	
7 x 2 = 14		11 x 7 = 77	
6 x 10 = 60		8 x 4 = 32	
7 x 2 = 14		2 x 4 = 8	

MULTIPLICATION 1 MIN DRILL
1 Minute Drill (20 Questions) - Mixed Numbers - SHEET 2

SCORE: ___/20

- 3 x 6 = 18
- 8 x 4 = 32
- 6 x 12 = 72
- 7 x 10 = 70
- 3 x 7 = 21
- 2 x 2 = 4
- 3 x 9 = 27
- 8 x 11 = 88
- 2 x 8 = 16
- 10 x 10 = 100
- 7 x 2 = 14
- 5 x 5 = 25
- 10 x 5 = 50
- 9 x 2 = 18
- 10 x 12 = 120
- 3 x 8 = 24
- 9 x 11 = 99
- 8 x 2 = 16
- 5 x 3 = 15
- 10 x 5 = 50

MULTIPLICATION 1 MIN DRILL
1 Minute Drill (20 Questions) - Mixed Numbers - SHEET 3

SCORE: ___/20

- 2 x 10 = 20
- 10 x 3 = 30
- 9 x 5 = 45
- 9 x 11 = 99
- 11 x 3 = 33
- 8 x 9 = 72
- 2 x 12 = 24
- 4 x 5 = 20
- 5 x 8 = 40
- 2 x 6 = 12
- 11 x 5 = 55
- 9 x 6 = 54
- 4 x 11 = 44
- 2 x 3 = 6
- 11 x 4 = 44
- 11 x 6 = 66
- 9 x 8 = 72
- 6 x 8 = 48
- 9 x 11 = 99
- 12 x 12 = 144

MULTIPLICATION 1 MIN DRILL
1 Minute Drill (20 Questions) - Mixed Numbers - SHEET 4

SCORE: ___/20

- 7 x 7 = 49
- 8 x 6 = 48
- 3 x 5 = 15
- 6 x 11 = 66
- 2 x 3 = 6
- 7 x 6 = 42
- 10 x 9 = 90
- 4 x 7 = 28
- 12 x 2 = 24
- 11 x 3 = 33
- 9 x 4 = 36
- 6 x 10 = 60
- 6 x 11 = 66
- 5 x 2 = 10
- 8 x 5 = 40
- 12 x 4 = 48
- 5 x 12 = 60
- 10 x 7 = 70
- 8 x 9 = 72
- 12 x 7 = 84

MULTIPLICATION 1 MIN DRILL
1 Minute Drill (20 Questions) - Mixed Numbers - SHEET 5

SCORE: ___/20

- 11 x 8 = 88
- 12 x 6 = 72
- 11 x 3 = 33
- 4 x 8 = 32
- 12 x 4 = 48
- 5 x 10 = 50
- 9 x 6 = 54
- 10 x 12 = 120
- 5 x 11 = 55
- 3 x 11 = 33
- 5 x 2 = 10
- 6 x 9 = 54
- 3 x 9 = 27
- 6 x 10 = 60
- 7 x 7 = 49
- 11 x 8 = 88
- 10 x 11 = 110
- 5 x 6 = 30
- 12 x 6 = 72
- 3 x 8 = 24

MULTIPLICATION 1 MIN DRILL
1 Minute Drill (20 Questions) - Mixed Numbers - SHEET 6

SCORE: ___/20

- 11 x 5 = 55
- 5 x 3 = 15
- 6 x 9 = 54
- 11 x 3 = 33
- 12 x 7 = 84
- 10 x 12 = 120
- 9 x 7 = 63
- 8 x 4 = 32
- 2 x 7 = 14
- 6 x 10 = 60
- 8 x 5 = 40
- 12 x 2 = 24
- 2 x 6 = 12
- 12 x 6 = 72
- 10 x 3 = 30
- 10 x 11 = 110
- 5 x 9 = 45
- 4 x 9 = 36
- 7 x 10 = 70
- 3 x 9 = 27

MULTIPLICATION 1 MIN DRILL
1 Minute Drill (20 Questions) - Mixed Numbers - SHEET 7

SCORE: ___/20

- 6 x 12 = 72
- 2 x 12 = 24
- 5 x 9 = 45
- 12 x 3 = 36
- 4 x 4 = 16
- 6 x 8 = 48
- 6 x 12 = 72
- 2 x 11 = 22
- 4 x 3 = 12
- 4 x 7 = 28
- 12 x 8 = 96
- 5 x 11 = 55
- 9 x 6 = 54
- 4 x 10 = 40
- 11 x 2 = 22
- 9 x 3 = 27
- 12 x 6 = 72
- 2 x 12 = 24
- 6 x 9 = 54
- 10 x 12 = 120

MULTIPLICATION 1 MIN DRILL
1 Minute Drill (20 Questions) - Mixed Numbers - SHEET 8

SCORE: ___/20

- 2 x 10 = 20
- 8 x 3 = 24
- 8 x 9 = 72
- 9 x 3 = 27
- 2 x 7 = 14
- 8 x 7 = 56
- 5 x 9 = 45
- 8 x 11 = 88
- 3 x 10 = 30
- 5 x 12 = 60
- 7 x 2 = 14
- 2 x 3 = 6
- 7 x 5 = 35
- 9 x 7 = 63
- 7 x 11 = 77
- 6 x 12 = 72
- 8 x 11 = 88
- 6 x 6 = 36
- 11 x 9 = 99
- 2 x 3 = 6

MULTIPLICATION 1 MIN DRILL
1 Minute Drill (20 Questions) - Mixed Numbers - SHEET 9

SCORE: ___/20

- 2 x 4 = 8
- 10 x 7 = 70
- 4 x 2 = 8
- 3 x 2 = 6
- 7 x 11 = 77
- 7 x 10 = 70
- 5 x 11 = 55
- 8 x 8 = 64
- 4 x 8 = 32
- 9 x 8 = 72
- 8 x 10 = 80
- 10 x 8 = 80
- 6 x 8 = 48
- 3 x 3 = 9
- 8 x 10 = 80
- 12 x 8 = 96
- 6 x 12 = 72
- 6 x 2 = 12
- 11 x 7 = 77
- 6 x 11 = 66

Mixed Numbers Multiplication
3 Minute Drill

MULTIPLICATION 3 MIN DRILL
3 Minute Drill (50 Questions) - SHEET 1

1)	24	2)	14	3)	12	4)	24	5)	8
6)	35	7)	27	8)	42	9)	20	10)	12
11)	40	12)	20	13)	55	14)	35	15)	40
16)	24	17)	5	18)	36	19)	3	20)	60
21)	108	22)	33	23)	24	24)	18	25)	21
26)	28	27)	28	28)	42	29)	32	30)	16
31)	48	32)	55	33)	18	34)	60	35)	55
36)	84	37)	21	38)	7	39)	21	40)	24
41)	66	42)	6	43)	70	44)	36	45)	56
46)	18	47)	64	48)	28	49)	63	50)	12

MULTIPLICATION 3 MIN DRILL
3 Minute Drill (50 Questions) - SHEET 2

1)	30	2)	12	3)	64	4)	81	5)	7
6)	11	7)	50	8)	27	9)	9	10)	33
11)	35	12)	80	13)	14	14)	10	15)	20
16)	72	17)	40	18)	56	19)	49	20)	36
21)	50	22)	30	23)	14	24)	11	25)	3
26)	5	27)	40	28)	20	29)	9	30)	4
31)	22	32)	42	33)	77	34)	16	35)	6
36)	77	37)	80	38)	49	39)	63	40)	12
41)	60	42)	49	43)	24	44)	56	45)	9
46)	6	47)	35	48)	2	49)	55	50)	12

MULTIPLICATION 3 MIN DRILL
3 Minute Drill (50 Questions) - SHEET 3

1)	7	2)	66	3)	5	4)	56	5)	54
6)	8	7)	11	8)	56	9)	35	10)	30
11)	4	12)	1	13)	1	14)	40	15)	33
16)	1	17)	15	18)	4	19)	5	20)	77
21)	40	22)	12	23)	9	24)	16	25)	22
26)	16	27)	21	28)	21	29)	24	30)	48
31)	28	32)	24	33)	80	34)	6	35)	81
36)	40	37)	45	38)	42	39)	32	40)	30
41)	9	42)	15	43)	99	44)	14	45)	84
46)	36	47)	72	48)	28	49)	8	50)	18

MULTIPLICATION 3 MIN DRILL
3 Minute Drill (50 Questions) - SHEET 4

1)	7	2)	6	3)	14	4)	24	5)	36
6)	2	7)	7	8)	80	9)	18	10)	9
11)	9	12)	24	13)	12	14)	18	15)	54
16)	4	17)	54	18)	40	19)	40	20)	84
21)	84	22)	3	23)	56	24)	12	25)	49
26)	35	27)	48	28)	45	29)	48	30)	28
31)	44	32)	81	33)	24	34)	16	35)	72
36)	66	37)	3	38)	64	39)	48	40)	8
41)	72	42)	50	43)	6	44)	4	45)	9
46)	4	47)	8	48)	3	49)	30	50)	56

MULTIPLICATION 3 MIN DRILL
3 Minute Drill (50 Questions) - SHEET 5

1)	12	2)	72	3)	7	4)	48	5)	56
6)	4	7)	27	8)	96	9)	48	10)	44
11)	4	12)	32	13)	44	14)	4	15)	22
16)	66	17)	42	18)	63	19)	36	20)	9
21)	32	22)	24	23)	15	24)	36	25)	6
26)	40	27)	12	28)	72	29)	24	30)	20
31)	108	32)	28	33)	32	34)	4	35)	1
36)	20	37)	12	38)	27	39)	2	40)	16
41)	12	42)	20	43)	25	44)	10	45)	9
46)	9	47)	54	48)	14	49)	35	50)	15

MULTIPLICATION 3 MIN DRILL
3 Minute Drill (50 Questions) - SHEET 6

1)	80	2)	54	3)	4	4)	80	5)	64
6)	30	7)	108	8)	12	9)	10	10)	3
11)	20	12)	18	13)	18	14)	10	15)	4
16)	8	17)	72	18)	64	19)	60	20)	36
21)	21	22)	56	23)	18	24)	21	25)	24
26)	90	27)	24	28)	64	29)	6	30)	9
31)	72	32)	20	33)	32	34)	25	35)	36
36)	8	37)	81	38)	44	39)	24	40)	20
41)	1	42)	2	43)	24	44)	81	45)	12
46)	88	47)	1	48)	16	49)	28	50)	36

MULTIPLICATION 3 MIN DRILL
3 Minute Drill (50 Questions) - SHEET 7

1)	25	2)	16	3)	3	4)	2	5)	90
6)	28	7)	56	8)	24	9)	32	10)	20
11)	56	12)	18	13)	10	14)	5	15)	22
16)	15	17)	14	18)	108	19)	5	20)	18
21)	22	22)	12	23)	11	24)	8	25)	80
26)	14	27)	20	28)	20	29)	70	30)	48
31)	6	32)	40	33)	90	34)	63	35)	27
36)	99	37)	12	38)	18	39)	36	40)	48
41)	50	42)	14	43)	108	44)	12	45)	5
46)	48	47)	4	48)	2	49)	96	50)	48

MULTIPLICATION 3 MIN DRILL
3 Minute Drill (50 Questions) - SHEET 8

1)	30	2)	18	3)	12	4)	20	5)	30
6)	80	7)	18	8)	50	9)	20	10)	63
11)	60	12)	15	13)	12	14)	45	15)	16
16)	36	17)	70	18)	48	19)	77	20)	30
21)	24	22)	99	23)	3	24)	24	25)	32
26)	40	27)	28	28)	48	29)	27	30)	21
31)	18	32)	24	33)	12	34)	10	35)	84
36)	20	37)	80	38)	42	39)	11	40)	3
41)	12	42)	8	43)	4	44)	64	45)	18
46)	56	47)	1	48)	15	49)	72	50)	3

MULTIPLICATION 3 MIN DRILL
3 Minute Drill (50 Questions) - SHEET 9

1)	7	2)	16	3)	96	4)	45	5)	77
6)	32	7)	4	8)	66	9)	30	10)	18
11)	15	12)	96	13)	7	14)	3	15)	27
16)	12	17)	48	18)	21	19)	5	20)	15
21)	50	22)	12	23)	2	24)	9	25)	48
26)	45	27)	54	28)	18	29)	14	30)	12
31)	9	32)	90	33)	50	34)	20	35)	18
36)	1	37)	21	38)	7	39)	63	40)	12
41)	35	42)	36	43)	33	44)	88	45)	64
46)	108	47)	88	48)	72	49)	7	50)	6

Mixed Numbers Multiplication
3 Minute Drill

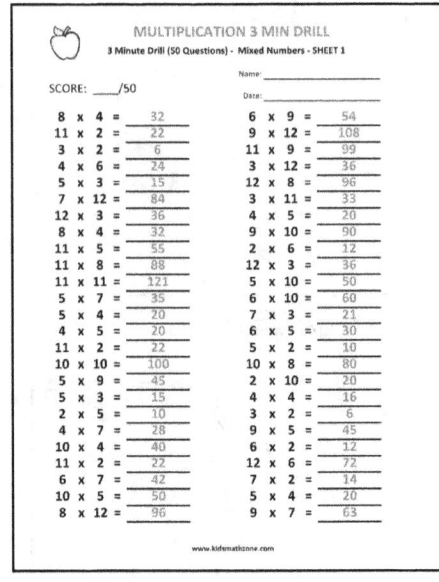
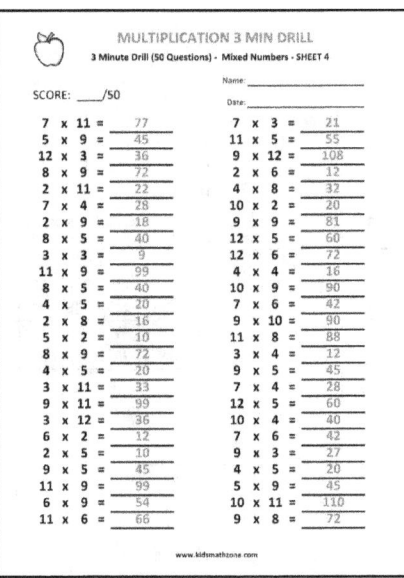
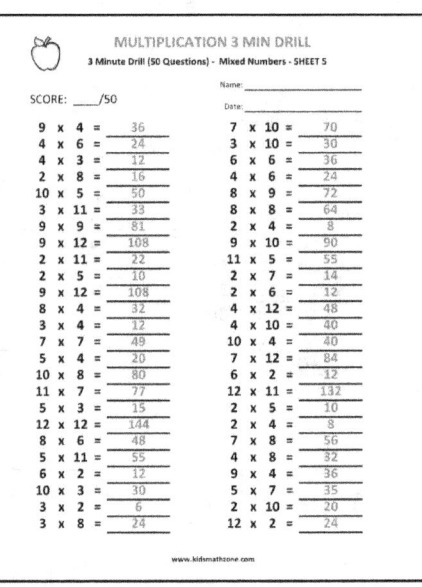
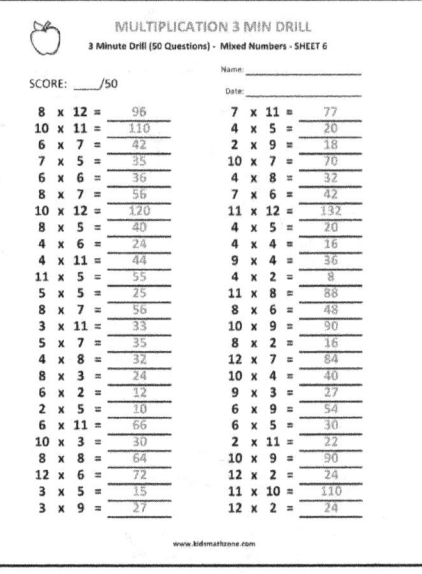
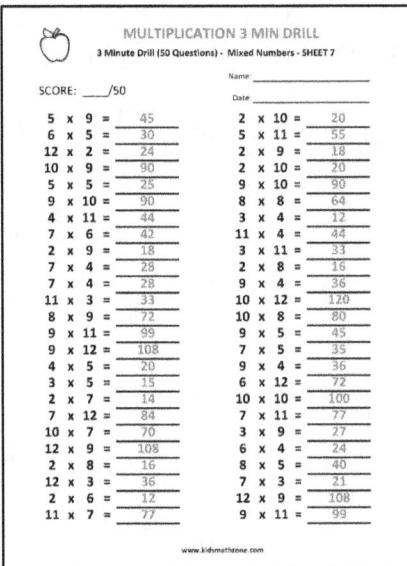
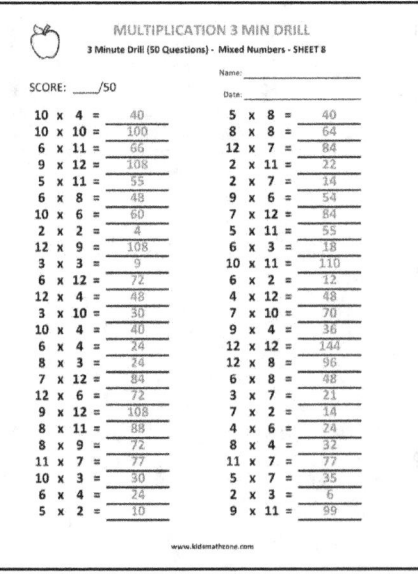
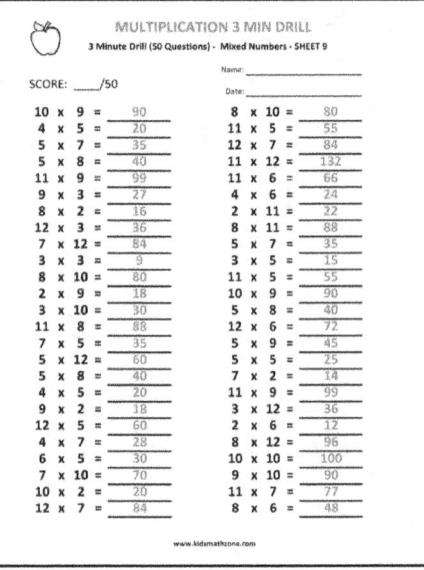

MULTIPLICATION 5 MIN DRILL

5 Minute Drill (100 Questions) - Mixed Numbers - SHEET 1

Name: _____

Date: _____

SCORE: ____/100

5 x 5 = 25	8 x 5 = 40	3 x 3 = 9	10 x 11 = 110
3 x 2 = 6	12 x 4 = 48	6 x 8 = 48	7 x 5 = 35
11 x 8 = 88	9 x 11 = 99	10 x 9 = 90	10 x 6 = 60
10 x 12 = 120	2 x 11 = 22	11 x 8 = 88	9 x 5 = 45
10 x 7 = 70	5 x 9 = 45	11 x 10 = 110	10 x 8 = 80
7 x 2 = 14	3 x 8 = 24	3 x 12 = 36	12 x 11 = 132
6 x 5 = 30	3 x 8 = 24	10 x 8 = 80	8 x 9 = 72
6 x 10 = 60	7 x 4 = 28	11 x 3 = 33	12 x 5 = 60
4 x 5 = 20	6 x 10 = 60	2 x 3 = 6	8 x 4 = 32
6 x 10 = 60	3 x 6 = 18	6 x 4 = 24	12 x 6 = 72
2 x 4 = 8	5 x 11 = 55	7 x 4 = 28	3 x 5 = 15
7 x 6 = 42	2 x 3 = 6	11 x 8 = 88	9 x 8 = 72
3 x 10 = 30	2 x 12 = 24	12 x 12 = 144	10 x 8 = 80
11 x 10 = 110	9 x 4 = 36	10 x 9 = 90	12 x 3 = 36
12 x 5 = 60	6 x 6 = 36	10 x 8 = 80	4 x 9 = 36
3 x 10 = 30	4 x 10 = 40	12 x 9 = 108	7 x 2 = 14
2 x 3 = 6	5 x 2 = 10	9 x 4 = 36	3 x 2 = 6
11 x 8 = 88	8 x 5 = 40	6 x 3 = 18	12 x 9 = 108
5 x 2 = 10	12 x 11 = 132	3 x 6 = 18	2 x 4 = 8
7 x 12 = 84	9 x 3 = 27	12 x 2 = 24	10 x 12 = 120
12 x 7 = 84	4 x 8 = 32	4 x 4 = 16	11 x 9 = 99
5 x 7 = 35	7 x 8 = 56	9 x 8 = 72	11 x 4 = 44
2 x 5 = 10	8 x 4 = 32	3 x 11 = 33	12 x 3 = 36
2 x 11 = 22	9 x 8 = 72	7 x 4 = 28	2 x 12 = 24
10 x 11 = 110	2 x 2 = 4	8 x 12 = 96	10 x 8 = 80

www.kidsmathzone.com

MULTIPLICATION 5 MIN DRILL

5 Minute Drill (100 Questions) - Mixed Numbers - SHEET 2

Name: _____

Date: _____

SCORE: _____/100

5 x 2 = 10		5 x 3 = 15		12 x 6 = 72		5 x 6 = 30
8 x 11 = 88		11 x 3 = 33		4 x 2 = 8		5 x 10 = 50
5 x 4 = 20		11 x 10 = 110		4 x 11 = 44		4 x 12 = 48
3 x 2 = 6		2 x 2 = 4		9 x 6 = 54		12 x 5 = 60
11 x 7 = 77		11 x 11 = 121		12 x 7 = 84		4 x 12 = 48
7 x 8 = 56		12 x 6 = 72		8 x 8 = 64		9 x 9 = 81
3 x 12 = 36		11 x 11 = 121		3 x 4 = 12		12 x 7 = 84
3 x 8 = 24		11 x 7 = 77		9 x 3 = 27		5 x 7 = 35
7 x 3 = 21		2 x 8 = 16		7 x 9 = 63		10 x 2 = 20
10 x 8 = 80		6 x 10 = 60		12 x 6 = 72		11 x 8 = 88
4 x 5 = 20		3 x 6 = 18		6 x 12 = 72		7 x 4 = 28
3 x 10 = 30		9 x 6 = 54		5 x 8 = 40		8 x 9 = 72
4 x 2 = 8		12 x 8 = 96		3 x 10 = 30		11 x 12 = 132
6 x 6 = 36		3 x 10 = 30		7 x 6 = 42		5 x 8 = 40
8 x 4 = 32		2 x 12 = 24		12 x 11 = 132		8 x 7 = 56
9 x 6 = 54		8 x 10 = 80		4 x 3 = 12		11 x 6 = 66
4 x 11 = 44		8 x 10 = 80		7 x 12 = 84		7 x 4 = 28
10 x 10 = 100		3 x 9 = 27		5 x 9 = 45		9 x 3 = 27
11 x 3 = 33		4 x 8 = 32		4 x 6 = 24		12 x 5 = 60
2 x 6 = 12		5 x 12 = 60		12 x 8 = 96		3 x 6 = 18
7 x 5 = 35		9 x 6 = 54		7 x 5 = 35		3 x 9 = 27
9 x 11 = 99		10 x 2 = 20		3 x 3 = 9		2 x 12 = 24
12 x 4 = 48		3 x 10 = 30		10 x 7 = 70		9 x 2 = 18
8 x 10 = 80		3 x 9 = 27		2 x 11 = 22		4 x 11 = 44
8 x 11 = 88		11 x 5 = 55		5 x 7 = 35		7 x 2 = 14

www.kidsmathzone.com

MULTIPLICATION 5 MIN DRILL

5 Minute Drill (100 Questions) - Mixed Numbers - SHEET 3

Name: _____

Date: _____

SCORE: _____/100

8 x 7 = 56	9 x 8 = 72	7 x 8 = 56	11 x 7 = 77
10 x 6 = 60	9 x 3 = 27	2 x 7 = 14	2 x 10 = 20
9 x 4 = 36	12 x 6 = 72	4 x 11 = 44	12 x 6 = 72
6 x 8 = 48	8 x 5 = 40	2 x 8 = 16	5 x 9 = 45
12 x 6 = 72	12 x 3 = 36	2 x 3 = 6	9 x 8 = 72
7 x 10 = 70	4 x 8 = 32	4 x 5 = 20	9 x 11 = 99
11 x 2 = 22	2 x 3 = 6	12 x 2 = 24	8 x 2 = 16
11 x 7 = 77	5 x 10 = 50	3 x 11 = 33	9 x 3 = 27
5 x 12 = 60	9 x 7 = 63	8 x 6 = 48	9 x 2 = 18
12 x 5 = 60	4 x 2 = 8	9 x 11 = 99	2 x 2 = 4
8 x 11 = 88	7 x 9 = 63	11 x 12 = 132	3 x 9 = 27
12 x 10 = 120	6 x 2 = 12	4 x 10 = 40	12 x 4 = 48
6 x 3 = 18	3 x 2 = 6	4 x 12 = 48	11 x 10 = 110
12 x 3 = 36	9 x 3 = 27	4 x 7 = 28	5 x 3 = 15
2 x 3 = 6	3 x 3 = 9	6 x 3 = 18	10 x 10 = 100
6 x 8 = 48	10 x 9 = 90	8 x 6 = 48	3 x 12 = 36
11 x 11 = 121	3 x 4 = 12	9 x 4 = 36	3 x 12 = 36
12 x 4 = 48	9 x 2 = 18	10 x 10 = 100	10 x 10 = 100
10 x 9 = 90	7 x 2 = 14	4 x 6 = 24	8 x 7 = 56
4 x 2 = 8	7 x 2 = 14	12 x 6 = 72	11 x 8 = 88
3 x 12 = 36	12 x 7 = 84	5 x 9 = 45	2 x 11 = 22
10 x 9 = 90	2 x 5 = 10	4 x 11 = 44	3 x 4 = 12
3 x 9 = 27	8 x 11 = 88	10 x 3 = 30	8 x 3 = 24
8 x 10 = 80	9 x 10 = 90	8 x 5 = 40	6 x 8 = 48
5 x 11 = 55	6 x 10 = 60	10 x 12 = 120	7 x 12 = 84

www.kidsmathzone.com

MULTIPLICATION 5 MIN DRILL

5 Minute Drill (100 Questions) - Mixed Numbers - SHEET 4

Name: _____

SCORE: ____/100

Date: _____

4 x 11 = 44	11 x 10 = 110	5 x 3 = 15	6 x 11 = 66
2 x 7 = 14	3 x 5 = 15	3 x 5 = 15	7 x 2 = 14
8 x 7 = 56	12 x 2 = 24	8 x 9 = 72	10 x 10 = 100
11 x 8 = 88	4 x 10 = 40	4 x 11 = 44	12 x 6 = 72
4 x 9 = 36	3 x 7 = 21	2 x 12 = 24	4 x 12 = 48
11 x 4 = 44	4 x 12 = 48	6 x 5 = 30	5 x 3 = 15
7 x 10 = 70	10 x 3 = 30	11 x 2 = 22	3 x 11 = 33
4 x 10 = 40	10 x 7 = 70	6 x 10 = 60	12 x 2 = 24
6 x 5 = 30	9 x 8 = 72	7 x 5 = 35	5 x 4 = 20
7 x 10 = 70	5 x 9 = 45	11 x 3 = 33	4 x 5 = 20
9 x 2 = 18	2 x 8 = 16	7 x 6 = 42	7 x 11 = 77
11 x 8 = 88	6 x 6 = 36	7 x 6 = 42	2 x 7 = 14
5 x 4 = 20	10 x 2 = 20	10 x 9 = 90	6 x 10 = 60
4 x 11 = 44	9 x 4 = 36	7 x 9 = 63	12 x 10 = 120
12 x 6 = 72	2 x 9 = 18	7 x 9 = 63	2 x 12 = 24
12 x 5 = 60	11 x 6 = 66	3 x 10 = 30	2 x 5 = 10
2 x 10 = 20	3 x 10 = 30	11 x 3 = 33	3 x 5 = 15
11 x 7 = 77	7 x 3 = 21	7 x 2 = 14	7 x 10 = 70
4 x 2 = 8	9 x 10 = 90	12 x 6 = 72	10 x 12 = 120
5 x 6 = 30	8 x 11 = 88	12 x 6 = 72	6 x 5 = 30
3 x 11 = 33	9 x 5 = 45	2 x 6 = 12	7 x 2 = 14
4 x 12 = 48	3 x 4 = 12	9 x 7 = 63	8 x 9 = 72
7 x 3 = 21	10 x 11 = 110	4 x 4 = 16	4 x 9 = 36
4 x 10 = 40	3 x 7 = 21	5 x 3 = 15	7 x 8 = 56
5 x 2 = 10	7 x 2 = 14	8 x 3 = 24	5 x 10 = 50

www.kidsmathzone.com

www.ingramcontent.com/pod-product-compliance
Lightning Source LLC
Chambersburg PA
CBHW080553220526
45466CB00010B/3132